U0023433

# 全職媽媽
# 的
# 零工經濟

—— 平衡夢想與母職的 ——
斜槓生活學

## 宋憶萍

—

著

謹將這本人生第一次的出版著作

獻給

所有 愛我的 與 我愛的
可愛人們

因為有您們
我的人生才得以精采圓滿
祝福我們
享受人生每一個當下

# 目錄 *CONTENT*

*CHAPTER* **01** ——————————————— 第一部

## 我在零工經濟的這條路 003

CHAPTER **02** ——————————— 第二部

# 接案人生 069

# 推薦序

## 業界名人

1. **邱文祥** 亞洲泌尿外科醫學會秘書長及前會長
   前臺北市副市長
2. **游淑慧** 臺北市議員
3. **孫裕利** 純粹創意整合行銷有限公司 總經理
   (2017臺北世界大學運動會企業贊助執行團隊)
4. **劉永明** 卡爾吉特國際股份有限公司 負責人
5. **陳珠龍** 致理科技大學 校長
6. **林宜標** 時藝多媒體股份有限公司 董事總經理
7. **蔡明儒** 臺北市政府民政局 專門委員
8. **張武訓** 中國工程師學會 前秘書長
9. **李冠輝** 溫世仁基金會 教育訓練暨人才發展 專案經理
10. **涂佩君** 17 LIVE 臺灣分公司品牌與企業溝通部 副總

## 媽媽好友團

1. **黃美甄** 經理（與作者相識近30年的好姐妹）
2. **郭秋泇** 老師
3. **詹思仙** 迪化街泉通行 老闆娘
4. **簡欣怡** 俊嶽企業股份有限公司 行銷經理

## 推薦序 / 邱文祥
### 亞洲泌尿外科醫學會秘書長及前會長、
### 前臺北市副市長

非常高興看到憶萍能夠在擔任全職媽媽之餘,除了專心於親子育兒之外。更能夠利用多餘的時間,樂在其中的從事一些有意義的兼職工作。她真是一個"全能"媽媽的最佳典範!我認識憶萍是在2010年,當時我擔任臺北市副市長,負責國際花卉博覽會(俗稱花博)。當時她是擔任行銷中心主任,雖然工作忙碌,每次看到她都是笑臉迎人。那個時候的花卉博覽會工作非常的複雜,尤其又要面對一些在選舉前的負面文宣,工作同仁都要承擔沉重的壓力。宣傳中心的主任每天都要跟媒體記者溝通,瑣碎事情自然多如牛毛,但是,憶萍憑著極高的EQ,往往都能夠化危機為轉機。

也因為那一段時間的共事,所以當我離開臺北市政府擔任陽明醫學院院長時,又兼任市政總顧問,當時的郝龍斌市長認為我對花博非常了解,因此任命我擔任花博基金會無給職的董事長。在那三年的期間,憶萍擔任基金會的行銷中心主任,我們每週都要開會,一起把後花博的會場打造成一個可以讓市民自由進出,甚至招商成功轉型,讓整個花博在辦完活動之後仍然

能夠成為市民最好的一個休憩場所，憶萍可說是功不可沒。

在我的職場生涯中，也經歷過非常多不同的職務。能夠看到一個全職的媽媽，在照顧兩個小孩已經非常不容易的狀況之下，她還能夠利用多餘的時間，去從事有創意且能幫助別人的工作，同時可以增加家裡收入，這種精神誠屬難能可貴，她將自身的經驗寫成一本《平衡夢想與母職的斜槓生活學》。我更是欣然的能夠為她寫序。因為我的人生也曾多遭遇過很多不同的挑戰，如果大家都能夠學習憶萍勇於面對困難接受挑戰的精神。相信你(妳)一定能夠在各方面都做得很好，這就是態度決定命運。看到她的二個兒子慢慢長大懂事，時時有著天真無瑕的笑容，我相信這就是一位全職媽媽最大的回饋！

## 推薦序 / 游淑慧
### 臺北市議員

和憶萍結識於2010臺北國際花卉博覽會期間，當時郝市長委任副市長每週要定期召開2010臺北國際花卉博覽會行銷會議，每次在行銷會議上都會激盪出很多創意火花，以至於後來2010臺北國際花卉博覽會整體成效令國內外媒體與民眾驚艷，我也相信2010臺北國際花卉博覽會絕對是截至目前為止全臺灣最棒的國際花卉博覽會，令眾人難忘。

就這樣，一開始只是在工作上的開會好夥伴，到後來成立會展產業發展基金會，憶萍擔任會展產業發展基金會的宣傳主任，都一直和她有聯繫，我們還成立了『好好吃飯團』，現在想起來，都覺得那段日子是簡單的幸福。

後來，二個人就開始各自忙碌自己的事情，就在我為臺北市市民服務發聲，偶而會看到憶萍的臉書，怎麼孩子默默就生了二個？竟然還可以兼職打工！真心覺得這是件不容易的事情。相信不管是家中的爸爸們或是媽媽們，一定看完更能感同身受，要對自己家的老婆更加同理心。

很開心接到憶萍的邀請，她要把自己過去在家灰頭土臉全職

媽媽的模樣，還要將累積多年來的企業贊助密技大公開，加上可以為等家寶寶做公益，這就是值得推薦的好書，分享給大家。

## 推薦序 / 孫裕利
### 純粹創意整合行銷有限公司 總經理

憶萍說：「我要做心目中的媽媽，也想成為我喜歡的自己！」這是一件多麼不容易的事情啊！但我的好朋友憶萍做得好極了。

我個人認為在一個家庭裡母親角色的重要性是遠勝於父親的，因為媽媽是在孩子的成長過程中陪伴他時間最長的人，孩子能否充分感受到被愛，與媽媽的教養與對待息息相關。而一位職場女性工作者同時還要扮演好稱職的母親角色，這不只需要能力，更需要智慧。在我創業初期，也是我的女兒成長的階段，我由衷感謝與敬佩我的太太，她必須一方面維繫她在職場上的工作，一方面還要成為鞏固我們家庭的最重要支柱。所以我可以體會憶萍這一路走來有多麼不簡單，今天她願意把她的能力與智慧分享出來，我相信是每一位看到這本書的讀者很大的福氣。

從2009年臺北花博(2010臺北國際花卉博覽會)的前期宣傳工作，開啟了我們純粹創意行銷團隊與憶萍的共事機會，那五、六年期間她是我的客戶，但我們更像是一起為了共同目標奮鬥打拼的工作夥伴。記得當時任務常常來的又急又快，例如48小時之內要完美呈現一場國際記者會，這除了需要超強的創意與

執行力之外，憶萍所帶領的宣傳行銷中心與我們團隊之間的信任感更是不可或缺的成功因素。

2015年純粹創意行銷團隊打算爭取臺北世大運(2017臺北世界大學運動會)的擴大企業參與計畫之際，我心中浮現的第一合作人選便是憶萍，而她也很爽快的答應接下這個艱鉅的任務。合約規定向企業募資募款必須達成等值於新臺幣4億元的額度，為了取得標案，我們提案時訂下了8億元的目標。在那時絕大部分的國人都還搞不清楚什麼是「世大運」的當下，有一位商圈理事長問我：「孫總，你是憑什麼敢喊那麼高的目標？」我回答他：「相信就有力量。」而這相信的源頭便是憶萍在我們的工作團隊裡，最後我們不只達成目標，我們更創下歷屆世大運舉辦以來最高的企業贊助總額新臺幣15億6,700萬元。

憶萍要將累積十年來的企業贊助密技大公開，這對有志從事行銷工作者而言真的是一本不可多得的好書，書中所談除了寶貴又豐富的實戰經驗之外，我想對於年輕的讀者更值得學習的是憶萍不畏困難挑戰與解決問題的敬業態度，這會是你一輩子都受用無窮的寶藏。

## 推薦序 / 劉永明
### 卡爾吉特國際股份有限公司 負責人
(台電電幻1號所營運行銷團隊)

Sunny 來幫我的忙其實是一個偶然，因為工作上的需要請朋友推薦好手入列，第一次碰面就感受到這位女生除活動行銷專業經驗外還深具鄰家妹妹般的親切感，相處上讓人信任與自在。

公司工作在分工角色上的扮演需要主動串起人與人、人與事、人與地物時的溝通橋樑，Sunny 代表團隊拜會許多機關、學校與企業互動以及邀請參訪與交流的過程，偶而我出席展館的活動也總看到代表公司的工作夥伴們在現場傾力演出，Sunny 現場主持活動的角色非常到位，你能容易感受到她的用力與溫度，總能讓事事進行順利圓滿與賓主盡歡讓人印象深刻。

這次榮幸受邀為 Sunny 首航新書寫推薦文字，也很佩服 Sunny 在家庭與工作忙碌之餘還能抽空把過往豐富職涯經驗有條理地整理成冊同時與人分享，書中談到斜槓人生過程充滿許多酸甜苦辣的取捨、以及大型活動的贊助心法都頗有一讀之處，另倘若有機會可以跟作者 Sunny 本人認識互動交流相信更是生動有趣。

## 推薦序 ／ 陳珠龍
### 致理科技大學 校長

身為全臺「企業最愛大學」私立科技大學第1名致理科技大學的校長，我們最開心的就是看到致理的孩子，從致理畢業後，在社會上發光發熱，每個人能貢獻自己的價值，讓這個世界越來越好，這也是我們從事教職人員最大的心願。

真正認識憶萍，始於她擔任台電電幻1號所的推廣經理時期，當時她與電幻1號所團隊來訪，邀請致理科大成為電幻1號所產學交流的夥伴，當時就可以感受到她的熱情與做事態度，的確是我們致理培育出來的學生，就是『致理人、自己人。』

這次受到憶萍人生第一次出書結合公益的邀約，尤其得知是她會想做這件事情也是因為多次受邀回致理跟學弟妹們分享企業贊助的經驗，身為致理科大的校長更是很開心成為這本有意義書籍的推薦。

這本書的內容非常豐富，除了分享憶萍在擔任全職媽媽期間的心路歷程，也有在企業贊助專案的技巧，在未來的時代，所謂的斜槓職能更是一種風潮，企業贊助的技巧更是適用於很多商業合作的各種面相，我相信這本書是值得成為工作能力的一本實用參考書，加上又可以幫助到育幼院的孩子，真心推薦給許多想從事行銷領域工作的年青學子。

## 推薦序 ╱ 林宜標
### 時藝多媒體股份有限公司 董事總經理

「媽媽對自己的寬容有多大，對孩子的寬容才能有多大」

很開心看到憶萍克服了人生歷程的挑戰，在全職媽媽的育兒生活與實現自我裡找到了平衡，並且無私分享了寶貴的企業贊助經驗以及豐富的育兒資源，這本書不只適合全職媽媽、職場媽媽閱讀更適合爸爸們看，也推薦給想要進入行銷企劃及企業贊助領域的你。

## 推薦序 / 蔡明儒
### 臺北市政府民政局 專門委員

跟憶萍的緣份始於臺北國際花博工作團隊，從沒去細想經歷多少時間，如今一算，居然也有十年了！

看著她從一個轉著靈動的大眼睛，充滿創意幻想，又積極熱情的小女孩，到今天身兼數職的美麗少婦！心中除了「逝者如斯夫，不捨晝夜」的感慨外，更多是對她成長的敬佩與歡喜！

人生充滿了高低起伏，每個人都有自己的掙扎跟需要跨過的門檻，所有的關卡也只能自己去嘗試跟解鎖，大家的方式跟態度都不同，各有因緣！

而憶萍永遠都能積極面對，樂觀又能自得其樂！

我一直記得她上臺常用的介紹詞「大家好!我是宋憶萍，可不是買一瓶送一瓶喔！..........」當時聽了，我就想這小女孩好可愛！充滿了生命力！一個能自我解嘲，充滿幽默，人生沒有甚麼過不去的坎吧！

在這裡祝福她，新書大賣，未來的日子紅紅火火！

## 推薦序 / 張武訓
### 中國工程師學會 前秘書長

一位男性工程師推薦《全職媽媽的零工經濟》大作
重大工程施工經常是需要日以繼夜，尤其是民國60年間，臺灣
經濟奮發年代的十大建設和12項建設階段。個人年輕時正巧是
該重大工程的時期，在臺中港第一期工程任職時候，白天上班
後還要輪值夜班，公務之餘還要努力準備技師考試和研究所考
試，準時回家吃晚飯已經是很難得，洗過澡需按計畫表準備功
課，孩子跟家人睡覺後仍然繼續用功，早上五點多起床，到臺
中港臨港大道跑步鍛鍊身體維持體力，上班前繼續溫習資料，
兩個小孩和家務都由妻子照料。等到考過技師資格和研究所，
辭去公職回到臺東鄉下參與12項建設，工程幅員百多公里，常
在工區住宿。妻小搬回臺東縣泰源村鄉下地方。妻子主持瓦斯
行業務，工人不方便時還要親自用摩托車載送20公斤重的瓦斯
桶到客戶家換裝，甚至到山上客戶家維修熱水器。工程師的我
常在外面住宿，走動在臺東縣的太麻里、知本、千子崙、大武
等地，一個禮拜偶而回家一兩天。有一次傍晚快吃飯的時候，
聽到小孩子歡笑滑著溜冰鞋衝進家門，劈頭就說：「哦！爸爸
你在家，告訴您們，我已經學會溜冰了！」女兒滿頭汗水跟污
泥，我對著太太說：「喔！女兒這麼大啦。」那個時候女兒剛
讀小學，突然間都忘了那個還在襁褓中帶回臺東的女兒已經

過那麼多年，也長這麼大了。妻子打趣說，孩子怎麼長大的你都搞不清楚。確實！身為野地工程師，日以繼夜在工地打拼，總認為自己才是天底下最重要的人物，都忘了全職媽媽如何持家，也忘了全職媽媽兼職的辛苦，這一切的一切都是那個時代工程師眷屬的宿命，現在回想起來，為全職媽媽在育子階段的辛苦，感到佩服，作為野地工程師的丈夫更覺得體貼不足與歉意。

時代的妻子，學歷、成長與志趣並不亞於丈夫，只因傳統與倫理觀念認命持家育子。貢獻社會的抱負自我壓抑，賺錢富有的天性仰賴丈夫，如果命運順遂倒也沒損失，家中富裕美滿，而且妻子是實質的家中之主。但是大部分家庭很難是國王與皇后的世界，都需要更加奮發。妻子，優質的女性，自然想要有成就感，想要自己賺錢鞏固價值和地位。在不得不為全職媽媽的幾年間，零工經濟(Gig economy)、計件工作(Piece work)等斜槓職務，就成為有志氣、有能力、有機會的全職媽媽成就自我的選項。

認識宋經理憶萍始於2020年9月22日 中國工程師學會環境能源委員會和台電公司承辦「氣候變遷調適成果研討會與參觀電幻1號所」，個人以學會秘書長身分代表廖理事長出席感謝。在電幻1號所門口首遇宋經理，全場解說時更感受的憶萍經理的

熱忱條理和激勵智慧，當時尚不知這位美少女是媽媽，互動之後看到臉書才知道假日經常陪同小孩遊戲。從接觸以來到聽聞宋經理撰寫這本《全職媽媽的零工經濟》一點都不訝異，因為憶萍經理就是一位有志氣、有能力、掌握機會的全職媽媽。佩服的是竟然有這麼豐盛的零工經濟和成就，而且能條理地把心路歷程和實務過程開放給讀者分享，這就是女性貢獻不落男士之處。個人以身為工程師，和不夠體貼的年輕過去，強力推薦宋憶萍經理的這本大著作《全職媽媽的零工經濟》。

　　　　財團法人溫世仁基金會　教育訓練暨人才發展專案經理

與憶萍認識是在五專就讀致理時，畢了業之後持續因緣際會保持著聯絡，這超過20年的時間，因為也有機會持續回母校分享，看到憶萍將自己在業界經歷，幫助更多學弟妹，也很開心有共同的理念來做對年輕人有幫助的事情！

這五年我們都身為人父人母，看到憶萍身為全職媽媽，還能用閒暇之餘，運用自己的專長，發揮『知識經濟』與『專業技能』，能同時兼顧家庭並在空檔的時間，還能讓自己有不同的發揮，真的十分不容易，期許這本書所分享的相關觀念或作法，能讓更多為人父母可以運用更多可能的機會，讓照顧家庭之餘，還能有不同的發揮，讓人生有更多不同的可能性!

祝福憶萍能透過此書，幫助更多「等家寶寶社會福利協會」的孩子！

## 推薦序 / 涂佩君

### 17LIVE 臺灣分公司品牌與企業溝通部　副總

「執子之手，與子偕老」

認識Sunny是個工作上巧合的緣分，那年我的男孩正牙牙學語，而我卻已年近不惑，工作與孩子佔滿我醒著的時光，夢想其實離我越來越遠，母親這個角色，沈重且陌生，看著工作身邊的女孩們眼裡閃爍著光芒，心裡著實羨慕著，能抬頭見夢想，低頭獨享孤獨，而我恰似挑著雙頭熱扁擔的老嫗，一頭工作一頭娃，每天都熱騰著。

工作與娃，這個擔子很多人都挑過，但沒人能真正告訴你箇中滋味，你的母親不能，祖母不能，朋友不能，連你身邊的伴侶或許也不是那樣清楚，正所謂隔著人間看煙火，便覺煙火很美好，但你很累、有時甚至想放棄，你不需要聽到別人說加油，但你需要一群相伴的人，用分享代替鼓勵，以關心增加溫暖，讓路上腳印可以印得堅實清楚，也能不經意傳來溫暖，心不再那樣慌，可以得到繼續往前的勇氣。借用《詩經》《邶風‧擊鼓》中「執子之手、與子偕老」講述，職場母親的角色扮演，如經歷人生一場戰役，你能找到與你的夥伴約誓，相互扶持、相互保護，有人可以說說她曾發生的故事，不是教養的理論，

更非遙不可及的名人資源童話，能真切說說她的故事，使聽者得到啟發，進而有了往前的充沛精力。

Sunny就是當年眼裡閃爍的光芒的女孩，這一路，我們極大緣份的在不同職場相遇，從臺北花博、臺中花博、世大運，到電幻一號所，她的角色從女孩變成女人，在旁人驚訝聲中，成為勇敢挑戰兩個娃兒的母親，處處看見她的盡心投入，如她投入她的工作般，無役不與，縱使困難重重，但眼裡光芒卻從未退去，我想那是從心靈深處散發出的光，真似太陽，給足人滿滿的愛和勇氣。充滿愛的她，以平實文字傳遞的，正希望能牽起觀看者無助的手，傳遞溫暖，陪伴成長。

身為在這個踽踽獨行的人生中走了十多個年頭的職場女性，希望傳遞著溫暖的這雙手，牽起同為女人的妳，也能因Sunny的故事，感受到溫暖，得到些許人生安排方式的靈感。祝福天下女人永遠美好。

## 推薦序 / 媽媽好友團

**黃美甄** 好姐妹

與憶萍的認識將近30年，我們參與了彼此的人生經歷，感謝上帝的安排，讓我們在彼此人生的道路上共同成長與生命更新。

看到憶萍在書上的一切，這些點滴對我而言早已是耳熟能詳的過往，然而再次閱讀卻仍是深深地感動我的心。

最欣賞憶萍的是她那永遠不變的「勇於挑戰、勇於改變」，白話來說憶萍永遠不變的就是一直變。讓自己變得更好、更柔軟、更有愛。然後感染身邊的人，傳遞幸福。

喜怒哀樂在憶萍的身上絕對是展露無疑的，口裡說的、心裡想的，一致！

這個社會的經濟型態早已悄悄改變，受到疫情影響更是加速改變，零工經濟、數位化，悄悄地與我們的生活密不可分，不斷地調整心態、接收新訊、然後實踐，這是我在憶萍的人生過程中，看到與感受到的！

誠心地推薦這本用自己的人生經驗來向人傳達愛與分享的好書，很榮幸我參與其中。

我的超級好友，《全職媽媽的零工經濟》，宋憶萍。

## 郭秋泮 老師

不管是誰，當妳願意離開原有的工作崗位，從事全職媽媽一職，就是人生中最大的斜槓。

當了全職媽媽後，又在育兒與自我之間尋找平衡，不論是因為興趣，又或是因為經濟壓力，再次回到職場，做起零工經濟，又是一大斜槓，這樣的人生，是如此的精采！

## 詹思仙 泉通行 老闆娘

泉通行是位於迪化街販售食品原料、南北貨、年貨60多年的傳統小店，我們夫妻倆和憶萍認識是在20多年前，當時憶萍還只是個專科生，她來我們家當工讀生，當時的年貨大街就是臺北市最有名的過年辦年貨的集中地，我們很需要人手來幫忙。

我們家在年貨大街賣糖果，印象最深的就是憶萍很喜歡與人交流，常常請客人試吃糖果，有一次還請到一位德國的帥哥試吃糖果，結果當天打烊時，那位德國帥哥就來找憶萍，要請她喝咖啡，從這點小小的國民外交，就可以知道憶萍真的很適合從事公關行銷的工作。

後來，跟憶萍的緣份就是我們的二個孩子了，因為店裏生意很忙，知道憶萍很喜歡小孩子，我們就請憶萍來照顧二個孩子，沒想到她竟然不只是帶孩子而已，還會跟孩子們一起唱唱

跳跳,做了很多好玩的扮家家酒的遊戲,在本書中,憶萍也找了她的學生來當自己孩子的陪玩姐姐,她自身就是走過這一段經歷,更可以看得出來後來她對自己孩子照顧的用心。

我們一路看著憶萍讀書、就業、結婚、生子,到現在她要出書了,看著她一路走來,始終保持樂觀正面,充滿電力的模樣,這真的是一段很令人珍惜的緣份,她就是這樣一個重感情的人,她的人生第一本書,我相信一定會給大家有所收獲,我想,我們全家應該會跟著她一起到老吧!我們的生命篇章,未完,待續…….

**簡欣怡 俊嶽企業股份有限公司 行銷經理**

Sunny人如其名,總是像太陽一樣樂於分享正面活力的能量給身邊的人,與她在花博共事的日子裡如沐春風,10年來一起經歷人生從單身、結婚、生子、家庭劇變的階段,憶萍依然保持熱情正向的態度與個性,令人佩服。

透過這本書半自傳的經驗分享、有溫度的文字,讓在家庭與職場兩邊努力打拼的全職媽媽們,看了有淚中帶笑的同感;也為正在尋找人生方向,想要重新復出職場的地方媽媽指引出路。這次憶萍將企業募資的專業,運用提升至為公益募資而寫,著實為職場媽咪的斜槓之路做了很棒示範!

# 序言

## ・初心

想要出版這本書的起心動念，是回溯到2015年，自己在36歲的年紀懷上了大寶，也就是所謂的高齡產婦，當時的自己已經離開國家地理雜誌整合行銷經理的全職工作。很幸運地，當時純粹創意公司孫裕利總經理邀請我擔任2017臺北世界大學運動會企業贊助專案顧問，希望可以藉助我之前在2010臺北國際花博的企業贊助經驗，共同完成這個專案。

在那段接案的日子裏，常常受邀回母校-致理科技大學演講，分享自己的工作生涯經歷，從透過和學弟妹們多次的互動交流，到直接在『致理企業管理系廣告展』等比賽實際給予建議，青年學子們很想瞭解怎麼樣可以進入到這個企業贊助領域，如何可以替自己的活動找到更多資源，這是第一次開始有了想出版一本有關企業贊助密技的分享的想法。

(致理科技大學企業管理系第二十屆廣告展擔任評審，頒發獎項給予得獎學生)

隨著二個孩子接續的到來，幸運的我認識了一群全職媽媽的好朋友們，我們透過Line群組與FB社團，一起渡過許多與孩子們共同體驗各項活動的日子。在這個過程中，和這群媽媽好友們互相分享交流，才發現在育兒路上，自己並不孤單，我們都經歷許多育兒幸福、歡笑、難過與崩潰等時刻，許多媽媽們會問我，為什麼我還有機會去做專案，可以偶而脫離一下喘息，斜槓媽媽的生活令媽媽們朋友們很嚮往，因此，加速了想完成這本書，分享給更多媽媽朋友們，如何忙碌育兒生活中，媽媽還是可以擠得出時間做自己，只是要學會捨得下，多愛自己一點。

在全職媽媽期間，透過多年好友的介紹，因緣際會帶著二個孩子參加『等家寶寶社會福利協會』稻田志工認養活動，親身體驗過後，發現了這個協會做的事情非常有意義，他們帶領著育幼院的孩子體驗不同的活動，認識這片土地，讓我們體會對土地、對農夫、對桌上的食物感恩，加上一起來參與的志工們，一起互動交流，一起給這群育幼院

帶著孩子參加等家寶寶協會的『稻田志工認養』活動，受益匪淺。

的孩子們關愛，透過活動的陪伴與『水果認養』的方式，每個人各自用適合自己的方式來幫助這群需要幫助的孩子。

當上媽媽後，更能體會如果沒有像我這樣有支援的媽媽們是多麼辛苦，更心疼有些孩子一出生就沒有了父母，甚至是被虐待家暴的孩子，一直希望能找出自己可行的方式，來幫助更多的人，因此，才會想把這本書結合公益。

## ・向偉大的媽媽們致敬

如果現在的你是個媽媽，或者你的家庭裡有個媽媽，那麼，請自己好好地為自己鼓鼓掌，因為，在臺灣，在這個世代，有小孩的家庭真的是最勇敢的族群。

怎麼說呢？

根據臺灣每年生育率的公開資料顯示，2020年全臺灣只有16萬5,249的出生人口，已經創下歷史新低，臺灣全體人口數首度出現負成長，大膽預測，未來每一年的出生率應該會持續下降。

前陣子和英國的好友聊到雙方的育嬰津貼的福利政策，看了BBC NEWS 中文媒體今年的報導後，得知臺灣的生育率竟然是全球倒數第一名，一點都不意外，報導中指出在美國中情局發表一份全球總合生育率預測報告中，臺灣的生育率名列全世界227個國家和地區中的倒數第一。

英國好友說：『目前英國的法定育嬰假，政府的補助是共39周，就是9.75個月，前六周補助90%平均周薪。之後的33周補助£151.9（151.97 英鎊等於$5,803.5新臺幣）或是你的平均周薪（哪一個比較低就用哪一個）。』

這部份還只是英國政府政策而已，民間私人企業還有其它公司福利政策，令人羨慕的部份是：

英國好友說：『有些公司還會給予女性生產育嬰補助，第一胎前三個月公司補助全薪，再三個月是半薪，再三個月是1/4薪，最後三個月沒有，公司讓女性育嬰假可以請假一年，但第二胎就沒有福利補助，第二胎只有政府給的補助，女性育嬰假還是可以請假一年。老公也可以請育嬰假一個月。』

當然，每個國家和地區的情況並不相同，無法相提併論，英國的物價與稅收制度以及因為優渥的社會福利導致潛在的社會問題，也是個令英國政府面臨修正的大議題。

在臺灣，相關的育嬰福利政策，都還在努力進步修正中，值得慶幸的是，目前的相關福利配套已經比以前進步許多，但成長的幅度還是跟不上臺灣的整體高房價成長幅度。

為什麼拿房價來比較呢？因為一個地區或國家的房價就是代表當地的物價水準。

臺灣的高房價讓大部份的年輕人買不起房子，買了就準備當終

身房奴，生了孩子的教育費都是一筆可觀的支出，於是，不婚不生變成了一個不錯的選項。

生了小孩的家庭，在未來可能會變成最少數的族群，相對就越來越弱勢，因為總人口數佔整體選票不是最大宗的比例，這也是帶出臺灣為什麼這麼多年來，相關婦幼的政策總是可以一而再，再而三地被其它的政策排擠，導致現在許多學校排山倒海地轉型或倒閉，我們的社會問題也不小，足以考驗當局者的智慧與遠見。

臺灣臺商大部份的整體就業環境也不如外商友善，工作時數相對比其他歐美國家還長，正逢適婚的年輕男女忙於工作，社會整體風氣也逐漸形成好好把自己照顧好就已足夠，認為生了孩子也沒有時間可以好好陪伴並教育他們，甚至提倡單身真好！

反觀自己的朋友圈，有家庭的小孩比例約佔5-6成，其中是全職媽媽的家庭比例又更低。未來整體人口數少，人與人之間相對的競爭感更高，有孩子的媽媽們都希望給自己孩子最好的，不希望孩子輸在起跑線上。

有趣的是，臺灣雖然有些本質不優的大專院校開始轉型倒閉，但在教育市場上，主打『菁英級』教育實驗體系與特殊才藝的

優質機構開始如雨春筍般的出現，現今父母們『望子成龍，望女成鳳』的殷盼期望也不比其它年代的父母們少，給予孩子們的身心靈壓力也逐漸加重，在 2018年由導演陳慧翎執導的臺灣詩選電視劇『你的孩子不是你的孩子』中，就可以看出在檯面下有多少家庭，因為教育壓迫下所上演的無數悲歌。

值得被關注的是，在社團法人臺灣自殺防治協會研究調查顯示，1994年-2020年各年齡層自殺死亡率三年移動平均來看，25歲以上均呈現下降趨勢，0-24 歲呈現上升趨勢，尤其又以15-24歲增加較多，這個訊息在告訴我們什麼呢？青少年時期的到即將出社會的孩子們，生命正值花朵般綻放之際，為什麼他們會選擇走上絕路？他們的家庭發生了什麼事？我們的社會又扮演著什麼舉足輕重的角色？是不是根本沒有人在意呢?就任由這樣的悲劇再三上演。

以前的我，根本無法想像自殺這件事情會出現在我的生命中，認為這件事情是連續劇或新聞才會偶而有出現的零星報導。直到幾年前，我的一位同事，一個燦爛又熱情的女孩，正值青春年華的女孩，就這麼離開了我們，當時，第一時間知道消息的我，完全不敢相信，因為她在工作的時候，和同事間相處融洽，工作態度認真，對人很貼心，總是為別人著想。

所以，她的離開，讓我非常難過與震憾。一開始，我會很自責，身為同事又是主管的我，為什麼沒有發現她隱藏的情緒？如果前一天下班的時候，我能主動找她一起吃個晚飯，她跟我聊一聊以後，會不會就不會發生這樣的憾事？這幾年，只要到了她離開的日子，我都會想起她。

到現在，我很謝謝她曾經出現在我的生命裡，她帶給我的禮物是，有多餘的時間和心力時，要善待每個會出現在你生命中的每一個人，在這個世代，每個人要身心靈健康的活下去還真的不太容易，任何人事物由『愛』開始，持續用『愛』延續，會不會對我們來說，比較簡單。

直到我有了孩子，更能體會現在社會環境給孩子的，已經不像我們小的時候單純，每個人每天可以接收的訊息和刺激，不管是正面的或是負面的，千奇百怪，滑個手機都覺得自己的腦袋被強行注入很多不必要的資訊，商業廣告和政治操作無所不在，孩子們充斥在這樣的環境，是否一直可以保有一顆良善的心，也同時考驗了所有父母的智慧。

在這世代，孕育一個新的生命，真的是一條甜蜜又沉重的育兒之路。

親愛的媽媽們，請為自己鼓鼓掌，你們真的太重要了！
請把當初出生下孩子們愛的勇氣延續，不要被私利與誘惑蒙蔽，教導你的孩子

學會快樂，學會勇敢，
學會關懷，學會負責，
學會知足，學會承擔，
學會永不放棄，學會對生命永遠保持熱情。

好好自信自在地活著，就是這一生最大的功德。

以這本書向偉大的媽媽們致敬，
我們一起在育兒路上，互相扶持前進。

## ·向抗疫女神 賈永婕 致敬

在全臺Covid-19疫情爆發三級警戒下，臺灣出現了一個國民女神，也是我認為最厲害的企業贊助女神，就是藝人賈永婕，從一開始她個人發起的每日送醫護人員愛心便當開始，到登高一呼，許多相挺她行動的臺灣知名企業和藝人們也開始加入為醫護人員和病人加油的行列，從愛心便當到救命神器HFNC(高流量濕化氧氣經鼻導管系統，High Flow Nasal Cannula)，她個人臉書每日的貼文，都成為我們社會大眾每日必看的暖心訊息，真的比看垃圾新聞還有意義。

賈永婕的出現，讓人心得到溫暖，看了她的專題報導，她說因為多年前她事業夥伴與她家人的離世，她藉由運動三鐵走出傷痛，並且感受到在達到三鐵終點線的過程中，受到許多不認識的朋友們幫她加油打氣，她才有勇氣跑完全程，所以，在臺灣現在最需要幫忙打氣的時候，她站出來用行動展現，這點的心境，完完全全的打中我的內心深處，全職媽媽一開始寫書回饋公益的想法，不求任何回報，只想讓這個世界更加美好。

好吧！也許真的是要上了年紀，有雞婆大嬸的潛在性格才能做出別人以為是瘋狂的事。因為我的老公一開始也是和賈永婕的老公一樣，覺得寫書結合公益這樣的事情是吃力不討好，一開

始應該也是想站在保護老婆的立場上想的，只是熱血的決心擋不住，直到所有的付出被人肯定，老公們才從逐漸從反對的立場轉向為支持。

其實，賈永婕大可以繼續在她的生活圈裡做好原本自己的角色，但是，她沒有，她的行動深深地感染了很多人，以致於送愛心便當的行動，全臺遍地開花，同樣身為媽媽的我，更是佩服她帶領著孩子們一起參與所有的公益行動，交付孩子們處理每日捐贈便當相關的聯繫事項，這是多麼棒的身教啊！

這樣的善念發起是最高的『企業贊助』境界，我以這本書向她致敬，謝謝她為全臺灣樹立了一個最佳典範，也非常期待未來能在解封後的日子，參加她的人生第一場巨蛋演唱會，希望可以親手把這本書交到她的手上，哈！希望可以實現啊！

## ·這本書適合什麼樣的人？

根據臺灣知名育兒雜誌『嬰兒與母親』在2020年2月的報導指出：『有高達七成的全職媽媽不快樂，主因是長期待在家中和孩子整天共處一室，很容易產生孤立感，坦言自己經常會覺得憂鬱、不快樂。兼職工作能兼顧育兒和事業成就，有兼職工作的媽媽們，比起全職工作或完全不工作的媽媽較為快樂，這是因為有工作的媽媽，比較能夠得到更多的支持和資源，加上兼職工作的時間較全職工作更容易靈活安排，因此不用犧牲陪伴孩子的機會，能夠參與孩子們的學習甚至是學校活動…等。』

看到這篇專題的我，邊看邊點頭如搗蒜，也很慶幸自己能在全職媽媽期間能有兼職工作的機會，這本書是紀錄自己在全職媽媽期間的專業接案的打工經驗，擔任全職媽媽期間的心路轉折，以及全職媽媽如何充實自己，突破自己的心魔，讓媽媽們可以對自己多點信心，如何找尋零工經濟的打工機會。

這本書除了非常適合想主動接案又可以平衡育兒生活的全職媽媽之外，也很適合想瞭解老婆內心想法的老公們，為什麼這麼說呢？

有人說：『女人心，海底針』，這句話其實很真實，身為女性的我，我也必須承認，在自己很安心且信任的人面前，我們女

人的確有時候翻臉會像翻書一樣快，一會兒還是很開心的狀態，下一會兒可能就會因為一句話或是一個故事就淚流滿面，所以，我們家老公早就習慣我這樣的情緒模式，有時候一個轉身，看到我眼眶紅紅的，馬上就會說，又看到什麼感人的啊！然後，就默默地去冰箱拿一瓶我最愛的氣泡礦泉水給我喝，讓我冷靜和緩下來，這本書裡，也分享了很多夫妻在家庭生活和育兒方式的相處之道，所以，也推薦給愛老婆的新好男人。

加上，過去常回母校致理科技大學分享企業贊助的工作經驗，發現很多青年學子都對這類的議題相當有興趣，既然這是一本是結合公益的人生第一本書，就把如何順利募集企業贊助的密技，一起回饋給相關領域的青年學子和行銷從業人員。

期許這本中書能帶給更多人信心，可以為自己的每個最初的理想堅持下去，一定會有更多美好的結果發生，就像連我這個全職媽媽都能出書一樣。

## 這本書適合什麼樣的人

想踏入零工經濟
自由接案的
**媽媽們**

想了解老婆
內心世界的
**爸爸們**

想學企業贊助
人脈管理密技的
**行銷人**

想學習
接案密技的
**學生們**

## ‧第一階段Flying V 募資平臺公益募集出版

為什麼一開始會想在Flying V募資平臺開始《全職媽媽的零工經濟》公益募集出版提案？主要是有這個想法已經在自己內心蘊釀了好幾年，但是一打二的全職媽媽的生活，同時又要接案，這個想法一直沒有辦法好好被落實執行。

一直到我在台電電幻１號所服務的時候，結識了美感細胞團隊的創辦人陳慕天，這個團隊在Flying V募資平臺推展了一個全臺教科書改造計畫，他們邀請了臺灣許多優秀的設計師，一起加入全臺灣的教課書改造行動，送到臺灣的偏鄉學校，隨著他們團隊的用心，引起教育部和社會的認同與支持，這個計畫他們已經成功募集了三次，看到這個團隊為了臺灣美感教育全力以赴，這麼年輕就有這樣回饋社會的熱情和執行力，因為這樣，媽媽我整個人就被鼓舞了。

想到自己，只是想要出個人生工作經歷紀錄回饋社會，又可以幫助等家寶寶們的孩子們安心水果計劃，為什麼要一開始自己嚇自己，被自己內心一開始無謂的擔心給阻礙，想說應該沒有人想看多餘的想法為理由，想打消這件本來就富有意義的事情。

很幸運的，《全職媽媽的零工經濟》在Flying V募資平臺2021年5月7日至2021年7月6日正式結案，募資成功，共有54位熱情贊

助人（感謝名冊詳如附錄），共募集$11萬5079元，231本書，為「社團法人中華民國等家寶寶社會福利協會」募集到38箱水果，共$2萬2762元，相信在全臺爆發 Covid-19疫情期間，這筆暖流更是實質的幫助。

每位贊助的好朋友們，都曾經在我的人生旅途中留下足跡，也有不認識的朋友一起加入這件贊助公益募集，透過這樣的方式，我們把美好的緣份轉化對臺灣社會的熱愛，這真的是件值得去做的事情！我真的很慶幸自己當初沒有放棄這個初心。

感謝每一位好朋友的對我的支持，用實際出資贊助行動的鼓勵，點滴在心頭。人生第一次出書，沒有想到自己是那麼的幸福且幸運，感動的情緒無法用文字表達的感受，原來是這樣啊！

一開始的善念種子，真的也完全沒有任何想要營利的想法，因放在Flying V募資平臺被看見，華品文創總經理王承惠主動與我聯繫，認為這樣的書籍是很適合出版，未來這本書該出版社除了臺灣市場外，還會在海外華文的市場發行，這都是始料未及的收穫。

**以這個奇妙的出書經驗，獻給所有曾經有夢想而想要實現的所有人，只有你自己，才會成就自己想達成的目標。**

第一章

# 我在零工經濟的這條路

# CHAPTER 01 我在零工經濟的這條路

　　從2018年開始，零工經濟（Gig economy）這個充滿商業學術味的新名詞佔全球各大媒體版面，其實這個經濟模式早已經是行之有年的，各式各樣對零工經濟的學術研究、專題報導和專業分析如雨後春筍般曝光。

　　其實，用一句白話文來說，零工經濟指的就是打零工的收入。

　　為什麼這本書名叫做《全職媽媽的零工經濟》呢？說起來還真有點緣份，一開始我也不曉得零工經濟這個新名詞，還是2019年接到致理科技大學的學弟妹們的邀請，請我跟他們分享過去專業接案的歷程，當時，他們正在進行非典型工作者中零工經濟專題報告的質化研究，才知道原來自己的接案經驗竟然有這麼新潮的名詞出現，於是，零工經濟就順理成章成為本書的書名。

　　過去在唸書的自己也是屬於零工經濟的一員，在遠東百貨及迪化街年貨大街擔任時薪銷售員（$80/小時），多數零工經濟的內容屬於較低階的工作，如：現在正夯滿街大小的Uber Eats或是是Food Panda美食外送。

　　現在回想那段日子，真心感謝當時年輕的自己願意給自己一個這樣的機會，站在市場的第一線，每天面對各式各樣形形色色的顧客，提供完整的銷售服務，在提早正式入社會前，面對偶而的一些突發狀況，磨練自己應變的能力，那段日子，雖然當時口袋苦哈哈，心情卻是滿滿動力，也是造就現在豐富多彩生活美好的養份。

## 知識經濟的加值

　　記得當時年紀輕輕，在專科快畢業時，放學後即在吉的堡美語擔任助理老師的我，很幸運地被當時的老闆賞識，請我去參加總公司師訓課程，之後成為正式的兒童美語老師，當時的時薪為$400元，這樣的時薪三級跳，對於生長在類單親家庭的自己，是個很大的工作動力，終於可以替媽媽分擔多年家裏沈重的經濟負擔。

在專科畢業的第一年,考量家境的關係,我並沒有像大多數的同學們選擇去南陽街補習,往插班大學或是考取技術學院之路邁進。我成為兒童美語老師的全職工作者,當時每天的工作情況是,早上在幼稚園教大、中、小班的幼兒美語,下午在安親班,晚上則在美語補習班教兒童美語,記得當時的每月工作總收入已經達到\$5萬元。

這讓我切身實際感受到「知識經濟」的重要性,但是,同時也瞭解到兒童美語教師每天密集上課的工作模式,長期下來是非常傷害身體的,尤其是自己曾經因為教美語二度重度「失聲」,每次都長達一週以上無法發出聲音。

於是,我告訴自己不能再這樣對待自己的身體了,看著自己的存款本裡,一年內,擔任美語老師以來存下的20萬元,決定就當作自己的唸書基金。當時整個教育體系對技職體系學生的開放,除了按步就班的參與正規升學考試外,還可以運用書面資料與推薦甄試的方式,參與研究所的直升之路。

謝謝當時的自己,給自己一個重新出發的開始,選擇了邁向研究所繼續學習,也感謝當時在聯廣股份有限公司網路行銷處的林建志總監願意為我當推薦人,讓自己得以順利地前往自己喜愛的行銷學術研究領域發展,這次出書的第一個公益募集

階段，他也用實際行動力挺，真的是令人感到溫暖又感恩。

　　很幸運地，研究所畢業後，如同其他九成的年輕世代一樣，乖乖地投履歷表，在茫茫職海中找尋適合自己的一片天地，在行銷公關媒體領域深耕了近15年後，零工經濟的工作模式意外在我人生再度發生。

　　這一路走來，深切地感受到『知識經濟』與『專業技能』的重要性，回顧這段歷程，可以很明顯地從自身的所獲得收入（時薪）是倍數成長三級跳的。

『知識經濟』與『專業技能』時薪是倍數成長

　　透過過去的工作經驗與一路上的貴人好友們的協助，我很

幸運地能有機會成為全臺『第一位』同時擁三個國際活動大型活動企業贊助案例的執行推手之一。這也是始料未及的一個職涯里程碑。

| | 2010 臺北國際花卉博覽會 | 2017臺北世界大學運動會 | 2018臺中世界花卉博覽會 |
|---|---|---|---|
| 總贊助價值 | 14.1億 | 15億6,700萬 | 1億 |
| 個人與團隊達成總價值 | 5.97億 | 6.3億 | 1仟8佰萬 |
| 達成率 | 42% | 40% | 18% |
| 個人與團隊執行期間 | 二年（2008-2010） | 一年（2016-2017） | 半年（2018.3-2018.9） |

三大國際活動企業贊助總價值表

## 身份轉變

2015年，我離開了從事將近15年行銷公關工作，第一次為自己的職場人生按下暫停鍵。

那一年，我的外公和舅舅相繼過世，這二位親人和我們家的關係是很緊密的，主要是因為我的家庭是類單親家庭，所謂類單親家庭，就是我的父親從我們小時候開始，就沒有負起養育家庭的責任，所有的家庭經濟重擔都落在我的母親一個人身

上，外公和舅舅對我的母親來說就是很重要的情感寄託重心，我們家三個孩子也因為這樣，每年過年過節都會回外公和舅舅家交流聯絡感情，因此，他們二個人的離世，對我們家來說，衝擊真的很大。

整個家族深陷在悲傷的情緒中，久久不能散去。

我的人生也因為這件事情，有了很大的變化。

以往，在職場上每天總是像個陀螺轉個不停，腦袋和身體都充斥著工作，再加上結婚五年多，也沒有好好積極在努力『做人』。在經歷人生第一次這麼大的生離死別以後，才驚覺人生看似長，但也不長，看似順利，但也充滿變數，突然之間，覺得以前的自己似乎都是在為別人而活，什麼時候真的好好善待自己？應該好好把時間留給自己最應該在乎的人的想法，默默地在自己內心種下。

有一天，一如往常在下班路途中，我永遠記得那天晚上，坐在老公的車上，望著窗外整片黑色的天空，突然，發現了二顆很亮的星星，一直跟著我們的車，這當然是一種情感上的投射，在那個當下，在我的心裡，我就是認定是外公和舅舅他們來看我了，感覺就是他們二位一路護送我們回家，在天空中靜

靜地守護著我們，告訴我不要擔心人生接下來的路該怎麼走，要好好的陪伴媽媽，一切都會有答案，當時坐在車上的我淚流滿面。

那天晚上，我突然想起每年過年回舅舅家時，舅舅常常會跟我們分享他又買了一棟房子，在哪裡又買了一塊地了，我記得每次在聊到這個話題，舅舅的眼中都會出現充滿自信與成就的光榮，但是，在舅舅離世的時候正值壯年，表弟妹們雖然都已經長大了，可是，舅舅在他的有生之年，一年365天，幾乎360天都在工作，和家人一起好好享受旅遊休閒的次數，真的少之又少，用十隻手指頭都可以數得出來，這樣子的人生，會是我想要嗎？

於是，我離職了。

開始了『只做自己喜歡事情』的生活，那段日子的自己真的很平靜，上瑜珈課、舞蹈課，讀想讀的書，參加想參與的活動，聽喜歡的音樂與講座。那陣子，我發現自己開始會觀察週邊的一草一木，有好好聞到社區夜來香花撲鼻而來的香氣，可以全心自由自在地感受到每一口呼吸。

永遠記得當時，好不容易停下腳步的自己，第一次上瑜珈

課，竟然巧遇20年前在舞藝舞蹈補習班教導爵士舞的Jun老師，想起那年花樣年華的自己才20出頭，對於整個世界是充滿期待與希望，再次和Jun老師相遇，是經過了快20年的社會洗禮，加上還沉浸在失去親人的悲傷中，突然看到依舊對教學非常投入的Jun老師，隔外地感動與感嘆，感動的是，這麼多年老師依舊在自己熱愛的領域發光發熱，感嘆的是，這麼多年的人事已非，而我也不再是當年的那個花樣年華的女大生。

享受Jun老師短短1小時帶領我們進入瑜珈的世界，在瑜珈課最後的大休息片段，我們每個學員躺在地上，做大字型大休息，Jun老師把教室的燈關上，請我們把眼睛閉上，Jun老師開始在哼唱著來自印度古語梵文歌，歌聲低頻且性感像日本爵士樂歌手小野麗莎，令人感到安慰，迴盪在一片寧靜的教室裏，此時，我的眼淚忍不住流了下來，彷彿把積壓在心裏深處的悲傷和壓力徹底釋放。

身、心、靈的富足，更能體會什麼叫做『無欲則剛』。

為自己按下職場暫停鍵後，人生完全變得只剩下平靜和歡愉的心情，過去一直在職場上，總是希望能做出一番作為，那個好勝心與戰鬥力極高的我，就這麼停了下來。

就這樣，簡簡單單的日子過了三個多月，我人生第一個小寶寶就來了，真的是又驚又喜。

是的，我要當媽媽了！

當媽媽的興奮情緒感染了整個生活週遭，人生充滿了新生，希望。

這份禮物真的是一份無價之寶，現在還是十分珍惜且享受著孩子們來到我的生命，教會我更多待解的道理，這一路關卡似乎也會一直持續下去，每次過完一關，就要打掉重練，在每一次的育兒挑戰被KO時，我的內心也不斷的告訴自己，就好好享受吧！

育兒過程真的彷彿如武俠小說中的『修行』，有時候，我想這些經歷也許是老天爺要送給我的禮物；人生百分之八十都是辛苦，剩下的百分之二十是這些短暫的幸福與快樂，我們得好好的用心去享受它。

## 產後憂鬱症

就在經歷精彩的生產過程和與比生產還痛苦的可怕漲奶過程後，自己才開始好好享受小寶寶和自己專屬親密時光。當時，滿滿母愛的自己，決定成為一個全職媽媽，要給寶寶最完整的愛和陪伴。

享受小寶寶到來的喜悅日子，每天享受與小寶寶的親密互動，手機裏全是孩子的照片和影像，就連幫孩子換尿布都覺得每一分秒都是甜蜜的，什麼尿啊！屁啊！在充滿愛的媽媽眼裏，真的都是香的。

搗蛋的兒子把轉動輪子的車子
直接開進媽媽的頭髮裡

現在想起來，都覺得當時的我好溫柔，講話甜甜的，心情每天都是愉悅的。

二個多月後，不料，在美麗幸福背後，產後憂鬱症默默地來找上我。

開始的症狀是，好想

逃離這一切，想念可以一個人好好的逛街，一個人好好的運動。不是不愛寶寶了，而是天天密不可分24小時和寶寶的相處，已經開始吃不消了，所幸當自己覺得不對勁，開始向身邊的有生產經驗的好姐妹們求救，才知道女人在生產過後，因為荷爾蒙的關係，很容易會不自覺地掉下眼淚，需要適時地轉換心情，此時，身邊的家人們的支持就是最重要的環節。

每當我看到有媽媽們因為產後沒有人可以幫忙而走上絕路的負面新聞，就能深刻體會這一切有多麼不容易，家人關愛就是支撐這一切的基本堡壘。

## 產後憂鬱症發作？情緒綁架親密愛人

現在回想起來，當時老公真的很偉大，到現在還是很佩服他當時為什麼可以忍受我呢？

產後憂鬱的感受，其實在第一胎就有零星的出現幾次，藉由單獨外出的放空，或是和好朋友會面抒發，就一一的迎刃而解；印象中，產後憂鬱感受發作的最嚴重時期，是發生在第二胎生產完的半年，當時的老公剛好要去歐洲出差，雖然當時的我，已經做好心理準備，就是要一路刷卡買快樂，試圖沖淡自己即將14天一打二的苦悶心情，還邀請了媽媽來陪伴，二話不

說安排好飯店和育兒輕旅遊行程。

可是，情緒還是在半夜徹底崩盤了，餵母奶的自己，每天呈現睡眠不足的狀態，白天還要陪伴著二個小夥子消耗精力，此時，對於老公可以在國外吃美食與享受國外人文風情的情境，是完全沒有同理心的，像個神經病似地不斷Line給他許多心中的不滿，打出很多到現在都覺得很誇張的文字內容。

我們夫妻倆個現在每次只要聊天回想當時的情況，當時的老公是完全無法放鬆國外的行程，擔心在臺灣的我，連同事們都常笑他，怎麼又再講電話啦！想想真的很為難當時的他啊！

所幸，我們一起合力熬過那一個可怕的時期。

這個經驗也必須分享給新手爸爸媽媽們，尤其是新手爸爸們，雖然你們要工作很辛苦，但是，你們的老婆更辛苦，因為她要開始沒有充足睡眠的人生，至少長達1-2年，我以前以為沒睡飽對一個人的影響力還好，年輕時期唱KTV不也是如此，直到我有了新生兒小寶寶，才知道過去能一覺到天亮是何等幸福的事。所以，可以支援老婆的育兒和家務的錢不要省，如果可以用錢解決的，請千萬不要手軟，月子餐點與保養的營養補品

絕對要備好，能幫忙老婆的大小事，就絕對要親力親為，相信您們的新手育兒之路會越來越順暢。

因為，這個產後憂鬱的經驗，讓我不禁會回想起自己的小時候，那個年代的父母們，臺灣經濟正值起飛，所有的人都在忙著拚經濟，當時的父母們更不懂得什麼叫做『產後憂鬱』，也難怪他們都採取最快速教養方式，就是『打罵教育』，好像因為這樣，自己內心的小孩也慢慢的一點一滴開始學著慢慢和當時的父母和解了。

如果不太確定自己有沒有「產後憂鬱症」的媽媽們，可以先自行測試由財團法人臺灣憂鬱症防治協會提供「產後憂鬱量表」，及早發現及早尋求專業的幫助改善。

要如何知道自己有沒有產後憂鬱症？財團法人臺灣憂鬱症防治協會提供「產後憂鬱量表」，讓媽媽可以自我評估過去七天內自己的情況。

評分方式：每個項目0-3分，總分30分。

總分9分以下：絕大多數為正常的。

總分10-12分：有可能為憂鬱症，需注意及追蹤，並近期內再次評估或找專科醫師處理。

總分超過13分：代表極可能已受憂鬱症所苦，應找專科醫師處理。

## 產後憂鬱量表

評分方式：每個項目0-3分，總分30分。

總分9分以下：絕大多數為正常的。

總分10-12分：有可能為憂鬱症，需注意及追蹤，並近期內再次評估或找專科醫師處理。

總分超過13分：代表極可能已受憂鬱症所苦，應找專科醫師處理。

| 請您評估過去7天內自己的情況 | 同以前一樣 | 沒有以前那麼多 | 肯定比以前少 | 完全不能 |
|---|---|---|---|---|
| 1. 我能看到事物有趣的的一面，並笑得開心 | 0 | 1 | 2 | 3 |
| 2. 我欣然期待未來的一切 | 0 | 1 | 2 | 3 |
| | 沒有這樣 | 不經常這樣 | 有時候這樣 | 大部分這樣 |
| 3. 當事情出錯時，我會不必要地責備自己 | 0 | 1 | 2 | 3 |
| 4. 我無緣無故感到焦慮和擔心 | 0 | 1 | 2 | 3 |
| 5. 我無緣無故感到害怕和驚慌 | 0 | 1 | 2 | 3 |
| 6. 很多事情衝著我而來，使我透不過氣 | 0 | 1 | 2 | 3 |
| 7. 我很不開心，以致失眠 | 0 | 1 | 2 | 3 |
| 8. 我感到難過和悲傷 | 0 | 1 | 2 | 3 |
| 9. 我不開心到哭 | 0 | 1 | 2 | 3 |
| 10. 我想過要傷害自己 | 0 | 1 | 2 | 3 |

各項目0-3分，總分30分

總分9分以下：絕大多數為正常

總分10-12分：有可能為憂鬱症，需注意及追蹤並近期內再次評估或找專科醫師處理

總分超過13分：代表極可能已受憂鬱症所苦，應找專科醫師處理

圖片來源：財團法人臺灣憂鬱症防治協會

## 教養路上的照妖鏡

透過對一個全新生命餵養與教育的過程，進而反思自己成長的過程，在原生家庭成長的自己，那個幼小又脆弱的自己是否有恐懼？是否已經被滿溢的愛包圍而無任何缺憾?是否還有該說出口的話沒有說？

每一個人的一生，都有每個人要去破解的關卡，每個人的人生功課各有不同，而我自己的人生功課竟然是在生完孩子後，開始面臨一連串的心智考驗。

在這裡指的功課，不是以前在學校單純的唸書和考試，只要在乎每學期期末有無安全過關，而是，在自己的人生中，有哪些關卡是自己特別不上手，需要跟自己的心智拔河，然後，能怡然自得地通過這些關卡，並且順利開始下一個人生給予自己的挑戰。

小時候，我的父母對我們教養的方式，就是『打罵與權威教育』，這是讓自己最痛恨的，常常莫名奇妙也不知道哪裏踩到父母的底線，接著就是一陣竹筍炒肉絲，父母在我們後面拿著可以打人的東西追逐著我們，從客廳到房間，再從房間到餐廳，以前的人們好像也沒有在管情緒管理的，能先滿足生活溫

飽就很慶幸了。

當第一個孩子來到我們的生命時，我內心就告訴自己，絕對不要讓孩子受到這樣的待遇，對他真的是滿滿的耐心，陪伴著他一起學習與享受生活。這一路滿溢的母愛，就在我生完第二個孩子回家做月子後，破滅了，當時大兒子小寶才二歲8個月。

那一個夜晚，已經是經過連續許多個夜晚，我嚴重的睡眠不足，主要是要餵小兒子Q寶母奶，情緒早已被疲累的身體磨到緊繃，就要一觸即發，讓我大爆走的，就是同時間，大兒子小寶還要一直吵著『媽媽，講故事』。

那一個夜晚，永遠記得那一個時刻，是我第一次動手打了小寶的時刻，到現在永遠記得小寶看著我的恐懼眼神，從來沒有打過自己的媽媽，怎麼氣成這樣，變成妖怪了！情緒的崩裂，讓我失去理智。

是的，當時，我氣炸了！

可是，才打了第一下，0.01秒後，我馬上又後悔了，立即抱起孩子哭著說：『對不起，小寶，媽媽真的很對不起你！我很

*愛你』*。

『媽媽，講故事』是我每天要和小寶一起共享的睡前時光，這個習慣已經從他出生到現在，每天都要一起享受的睡前儀式啊！曾幾何時，怎麼會變成我理智斷線的最後一根稻草？

『天啊！我真的不是一個好媽媽』

這樣多慮的否定種子就開始在心裡種下，其實想想也沒有那麼嚴重，媽媽適時地發作一下，表示自己也在學習對外發出求救的訊號，孩子對我們的愛也是無限包容的，所以，發過的脾氣，罵過的話語，就讓它過去，記得事後找時間跟自己的孩子好好說聲抱歉，表示要跟孩子一起共同改進，這就是個很好的互動方式。

『教養路上的照妖鏡』就是這一路走來，與孩子們的每一個應對時刻，都彷彿是一面鏡子，不斷地考驗自己的理性和感性。有時候，理性的自己明明就知道這件事情沒有大不了的，可是，感性的自己，一股怒氣衝上來，就是爆了，完全壓不下來，一次又一次，如海浪般不停地朝向岸邊打上來，不管身體和心靈多麼累，每天眼睛睜開，就是得學著面對、接受、處理。

　　血型Ａ型的完美主義，用在工作和學習上，可能是100分的票房保證，可是用在當媽媽上，我似乎抱了一個『０』零鴨蛋。

　　嘿！不要以為經過了那一晚愧疚，我就徹底變回理性媽媽，大爆走的情境還是偶而會成為生活的小插曲，尤其是在自己快要生理期的時候，就會特別明顯。

　　但慶幸的是，我開始學著讓自己的情緒平穩，讓自己不要那麼累，每次在自己快要撐不下去的時候，適時的放過自己，對外求救尋求支援，開始學會先和老公和孩子們做情緒不穩的預告動作，告訴孩子們說：

　　　　『媽媽每個月都會有幾天身體不舒服的時候，因為身體在流血了，每個女生長大了都會這樣，所以，這幾天要麻煩你們要好好愛媽媽喔！不要讓媽媽太累，不要惹媽媽生氣喔！』

　　剛開始，孩子們年紀太小似懂非懂，也會問媽媽為什麼女生會流血呢？這時候也趁著機會教育，提早就讓他們二個小男生知道男生與女生的區別，女生長大了，就會因為子宮內沒有寶寶胚胎，身體就會自動把多餘的營養排出體外，同時也幫他們回憶他們在媽媽肚子裡面的情境，還有，後來醫生叔叔幫忙

把他們從媽媽的肚子裡面生出來的過程,這些都是很棒的機會教育過程。

每個月幾乎都要講一次,時間久了,孩子們就懂得這樣的情況該如何面對身體不舒服的媽媽,而老公也會學著適時地給予自己協助,幫忙做點家事,泡一杯黑糖薑茶給媽媽,偶而看著小小的寶貝拿著大大的枕頭給我,讓我可以放在沙發上做腰部的靠枕,或是大兒子跟小兒子叮嚀:『**弟弟,我們去客廳玩,不要吵媽媽,讓媽媽好好休息。**』心裡的幸福感就這樣一點一滴累積。

媽媽,可以不用永遠都當神力女超人。

適度地求救,適度地表現軟弱,讓你的老公和孩子們知道,他們也被媽媽需要著。

看過太多以為替家人犧牲就會快樂的媽媽,到最後的結果,是自己委屈得很不開心,全家人也莫名奇妙地被媽媽累積已久的壞情緒給影響,真的得不償失。

坊間流傳一句話『Happy Wife、Happy Life』,真正快樂的媽媽,才能有真正快樂的小孩。這件事的起頭,是媽媽要懂得

愛自己，當媽媽很愛自己，凡事以自己所想要的為主，享受自己決定的這一切，相信你的老公與小孩也會更愛妳。

## 人格分裂的全職媽媽

我是家裏有二隻電力充沛的男孩的雙寶媽媽，大兒子5歲，小兒子2歲，因此，二個孩子要同時照顧起來，真的不是件簡單的事。

媽媽常常會一下子好愛眼前這二個可愛的寶貝，下一秒又會因為他們把沙發與家俱轉向，排得東倒西歪，聲稱是他們二個小小外太空人的秘密基地，緊接著馬上又將剛收好的衣服整個散落滿地時，媽媽就馬上川劇大變臉，變成大怒神。

媽媽，真的是時常正負能量無限循環的快速變種生物。

一下子，這邊喊著『媽媽，陪我玩黏土』。
一下子，那邊喊著『媽媽，為什麼水滴沙發，水會不見呢？』。
一下子，這邊喊著『媽媽，玻璃瓶破了！我流血了啦！』
一下子，那邊喊著『媽媽，我大便了！』

這時候，媽媽的理智線真的很容易斷啊！
這邊的哥哥要畫畫，那邊的弟弟還不會拿好色筆，一旦媽

媽專心陪伴哥哥畫畫或唸故事書的時候，就無心好好照顧的弟弟，馬上就會出現莫非定律地搗蛋，在家裏的另一個區域造成可怕的景像，原本白色的牆面馬上又多了孩子們的原創塗鴉，一開始的自己也是很不能接受，心裡會有種過不去的情緒，但是，隨著二個小男孩的破壞功力日日增強，媽媽唯一要學會的

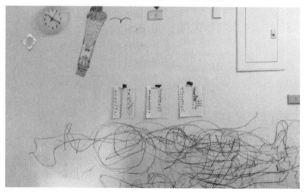

二個寶貝在家中客廳牆面創作，他們倆也常在這兒完成很多他們想像中的秘密基地，讓這牆面多了更多愛的回憶。
親愛的老公一回家看到兒子們的傑作，結果也一時興起畫上彩色屋、熱氣球，孩子們笑得更開心了。

技能，就是好好放下，放開心胸，只要沒有危及生命安全，都放手讓他們嚐試。

雙寶媽媽除了會不定期人格分裂外，媽媽本人時常要左右逢源輪流陪玩，二個小孩年紀不同，玩的東西不一樣，媽媽也要有同時操控的能力，安撫二位小客人，讓二個都滿意，媽媽，真的是不容易啊！

時間久了，媽媽會有種被掏空的情緒。

於是，開始找回自己的心情就很重要，找回那個開心的自己，好好愛自己就很重要。我是個血型A型媽媽，的確就是有那種完美主義的傾向，任何事情都會希望做得好，要求100分，其實，這樣的性格是很容易給自己和周遭的人壓力，包含自己的孩子。

所幸，我的神隊友是血型B型的自由主義，什麼事情到我老公那邊，好像就變得沒有那麼大不了，凡事就變得有趣，從他身上，我開始學會對自己放鬆一點，每天的行程不再是那麼按步就班，一定要讓孩子完成什麼固定的學習任務，我想我老公就是上天派來讓我平衡完美性格的使者，同時也解救了我們的孩子們啊！

今天想好好泡杯咖啡，就好好泡個咖啡，享受咖啡的香氣，投入每個泡咖啡的步驟，孩子們也會對泡咖啡產生好奇，迎面撲鼻的咖啡香氣，也是孩子們的氣味記憶。

## 與大兒子小寶共同創作的『當葡萄愛上土雞肉』的創意料理

左：食材擺盤
　　男主角：土雞肉
　　女主角：葡萄(葡萄乾)
　　約會回憶：紅蘿蔔、蕃茄、蒜片、香菜
中：男女主角正式交往融合
　　為什麼要加上葡萄乾呢？
　　因為這是一道講述愛情的創意料理，葡萄代表年輕的女主角，葡萄乾代表將來老的女主角，加上葡萄乾，就代表『明天你是否依然愛我？』
右：正式上菜
　　然後，媽媽事後竟然發現忘記加上蕃茄了，不過，是自己好玩的創意料理，But who care？整個過程和兒子笑聲不斷，料理成品好吃下飯，一切都值得了。
　　因為這道創意料理，我還為兒子們說明什麼是『愛情』呢！
　　雖然他們還似懂非懂的，但是這個過程，就是我們母子很美的回憶。

明天想好好煮一道創意料理，就開始上網研究料理作法，帶著孩子們一起進行，順便教他們食材的原貌，料理的過程隨機用手機拍成照片和影片紀錄，事後帶著孩子學習網路youtuber用電腦製作影片，沒有想到，孩子們在這樣的過程，也玩得很開心，還會對手機與電腦的製作影片程式有興趣，將製作好的影片傳給親友分享，無形中，孩子們也學會分享喜悅的心情，為生活找尋樂趣。

人格分裂的全職媽媽只是個逗趣自我解嘲的一個說法，後來的我，在專案打工的零工經濟模式中找回另一個自己，另一個需要自我實現的自己，才發現真正厲害的是那群在社會上真正的職業婦女，她們白天在職場上要扮演好工作給予的任務角色，回到家又要立即轉換成為一個母親的角色，母親的角色更是多元，是一個照顧全家身心靈都要安好的角色，不但基本的食衣住行照顧要滿足全家，還要關心全家人們的心情，偶而還要擔任安親班老師與康輔社大姐姐，成為孩子們課業的教育指導，還有全家人的休閒節目的企劃師，簡直是比八爪章魚還要全能，女性真的不能小看自己，我們在社會與家庭中都是一個舉足輕重的重要角色啊！

## 與母親的情感和解

我，出生在1979年這一個年代。

在臺灣，稱為『六年級生』（民國60-69年），
在中國，稱為『70後』（西元1970-1979年），
在日本，稱為『冰河期世代』（西元1971年4月2日-1987年4月1日）
踏入職場就遇到就職冰河期
在美國，稱為『X世代』（西元1965年-1980年）
（以上是維基百科中，各個國家就各世代的分類定義）

X世代的母親多半是職業婦女，因此，這世代青年受到父母在家管教的時間相較於其它世代是較少的。我的母親也是個典型的職業婦女，每天早出晚歸，從小的我是三代同堂，跟著奶奶一起長大的，奶奶就是我人生的第二個母親。

印象很深刻的是，小時候的我沒有上幼稚園，每天都在巷子口，找鄰居小朋友玩，最愛跟著小朋友回家玩，到處串門子，不曉得是不是因為這樣，從小的愛交朋友的公關能力就挺好的。

　　直到上了小學，我的就學生涯才開始逐漸規律穩定下來，但是，媽媽還是一直很忙，因為全家人的開銷支出都在她一人身上，根本沒有時間管我們小孩子，我記得小學的每天聯絡簿家長簽名欄都是我自己搞定，從小學一年級第一天上課到小學六年級最後一天畢業，毫無意外，不知道為什麼，我的成績始終都不錯，也很愛在學校交朋友，擔任班級上重要的幹部。

　　到了國中，我父母的關係開始變得很差，現在想想，要是我的老公這麼不負責任的完全不理會家中經濟，連奶奶三次開刀的費用都要我媽媽去籌，又有三個孩子要養育，我不發瘋了，才怪！不跟老公三天一小吵，五天一大吵，才怪！以前的社會氛圍也沒有什麼心理諮商的風氣，連吃飯與孩子們學費的錢都要發愁，哪有時間照顧自己內心的情感面？

　　父親對母親的家暴事件在我的國中三年時常上演，還記得當年自己在參加高中北部聯考的時候，在考場上的我，還是邊寫考卷邊流眼淚，所以，當我長大後，聽到周杰倫的『爸，我回來了』這首歌的歌詞中『別再這樣打我媽媽』，簡直是又氣又過癮，彷彿為我們多年積壓的情緒一次把它勇敢地唱出來，是一種很另類的療癒啊！

　　我們三個孩子，常常可以感受到媽媽的不開心，當然，時常被打被罵是家常便飯，我印象最深刻的是，媽媽常常對我說

的一句話，就是『要不是因為你，我早就和他離婚了，才不會回頭又生下了弟弟妹妹』。

沒有想到，這句話的殺傷力後勁還挺大的。

直到我有了孩子，有一天，因為母親介入我教養兒子的過程中，我徹底地跟自己的母親大聲怒吼，說出自己積壓在自己內心深處的那些話。

『請你不要再打罵我的小孩。因為，他們永遠都會記得你變成惡魔的模樣，就像我永遠會記得小時候你會打我一樣。』

講出這些話的我，彷彿又變回那個曾經多次需要母親安慰和擁抱的小女孩，憤怒地又伴隨著眼淚吼叫著。

就在我要撰寫全職媽媽零工經濟這本書的時候，2021年6月我從曾寶儀的《人生最大的成就是成為你自己》這本書中，找到解答。

那本書中的p.148頁描述，為什麼不能只是對孩子說：『我只是因為愛你想成為你的父母』。為什麼要讓孩子背負著父母為了我犧牲很多的愧疚，回過頭來進行所謂孝順動作只是一種

還債的心態。

這一段話，救贖了我自己，反而可以用跳脫第三人的角度來看我母親的情況，當年的她，內心裡的確是因為愛我，想成為我的母親，所以，本來已經離家出走的她，回頭與父親合好，但是，她無法排解的是，我父親還是那麼不負責任，還會動手打她，所以，她把父親對她的惡行所產生的情緒，直接丟給了我，而這句話，很像一個病毒，默默地在我心裡的深植了將近30多年，直到我有了家庭，有了小孩，我才了解這句話對一個孩子來說，是那麼地沈重，有些時候的我，的確也會在很多行為上，不由自主地想犧牲自己。

這就是原生家庭的影響力。

在那樣直接與母親攤牌的二天後，我收到媽媽的簡訊。

『感恩你的孝心與體貼，但不要記恨我，小時候打你的事情，我心裡很難過，我向你對不起，化解我們倆的恩怨，我們不要做冤親債主，再來輪迴，就到此為止，把此恨心放下，好嗎？南無阿彌陀佛，善哉』。

（我母親是一個很虔誠的佛教徒，在她與我父親感情失和多年後，她在佛教找到了她自己。話說很多人在人生很多關卡

走不出來的時候，就開始找一個宗教給自己一個安穩的出口，這就是宗教的力量，可以讓一個受傷的心被療癒，讓自己可以慢慢回到正常的軌道。）

隔天，我也回了媽媽簡訊。

『媽媽：我沒有恨您！

只是，請您不要常常再把負能量給我們，這樣只會勾起內心深處的回憶，原生家庭的教育，真的對一個孩子影響很大。

您小時候一定太少人給您愛和擁抱了，所以，您變成現在的您。

但是，您已經很棒了，辛苦地把我們拉拔長大，陪伴我們，您一個女人家，承受這些壓力，難免有情緒，當了媽媽的我，很能體會與體諒。

媽媽，我討厭您對我和孩子們講那些負面能量的話，甚至是打我的孩子；但是，不會改變您是我的媽媽，也不會改變我愛您。

您有沒有發現當我罵孩子的樣子很像你，小時候看您們吵架打架，我默默學下來了，這就是令人覺得可怕的地方。

知足、感恩、惜福。

我們都還要持續加油，我們都很努力了，這不是冤親債主，每個家庭都有各自的問題，只是怎麼樣去化解各自的矛盾。

相愛相殺是最近很流行的一句話，我覺得很適用在很多人際關係，有距離才有美感。

媽媽，我很愛您。
但是，我無法改變您。
所以，我必須學著改變我自己。

媽媽，接下來的人生，我們一起陪伴著彼此，試著改變自己，不要老是放自己內心的魔鬼跑出來。

謝謝您傳訊息給我，我愛您！
我也跟您對不起，說出讓您傷心難過的話，真的很抱歉！

謝謝您給予我生命，謝謝您愛我、包容我、支持我、教會我人生很多道理。

我愛您。』

就這樣，我們母女倆透過簡訊文字的方式，把彼此要說的話，講開了，我很開心我們可以這樣做，至少，今生今世，我對我的母親不會再有話沒說出口的遺憾。

然而，一開始會讓自己成為全職媽媽，我想在我內心深處，也是因為不想要成為跟媽媽以前一樣，一年365天，每天只有工作的生活，所以，我為自己選擇了，可以一邊育兒一邊實現自我的接案零工經濟。

你們的原生家庭給你內心深處有什麼的影響呢？

因為對孩子的教養，讓我發現了自己多年內心深處情感的秘密，透過和母親吵架的方式和解了。也許，在你看完我和母親的和解這一段故事，你也會馬上知道自己的內心深處最在意的部份在哪裏，好好用自己的方式跟它們和解吧！

當一個人可以真正面對自己的內心，自己就會變得勇敢，除了死亡以外，真的一切都沒有什麼好害怕的。

## 媽媽外出工作的『7大內心阻礙OS』

2019年臺灣上映了一部引起許多家庭主婦迴響的南韓電影《82年生的金智英》，看完這部電影的我，內心真的是百感交集，心情跟著劇中的女主角智英，一起落寞一起悲傷，尤其是獨自在家育兒生活，那是一種很難跟外人傾訴的無力感，即使是最親密的家人。

我和劇中的智英一樣，在全職媽媽的過程中，自己內心常常會上演很多小劇場，阻止自己往外踏出去，不管是不是個已經完成高等學位的女性，或是曾經在職場上已經有點小成就的職業婦女，這樣的內心阻礙OS，常常會不由自主地為媽媽自己鋪上一條『無能為力』的選擇，『因為……，所以……』，有太多自我內在質疑和家人的想法干擾，所以，就以為自己只能選擇一直待在家裏。

現在仔細回想當時內心阻礙OS（註：OS, overlapping sound），不外乎是以下幾點：

1. 孩子最需要媽媽的母愛，別人會給孩子同樣的愛嗎？
2. 新聞那麼多不良保母，會給孩子不好的傷害和陰影。
3. 你現在出去打工薪水那麼少，不如自己在家帶孩子。

4. 我不知道自己可以做什麼？我好像只能在家帶孩子。

5. 老公工作辛苦，我應該要成為他背後最重要的支柱。

6. 把孩子送到安親班，孩子好可憐喔！一直在寫講義。

7. 感覺已跟社會脫節，記憶力和反應力跟不上年輕人。

沒錯，自己曾經就完完全全被上述的7個內心阻礙OS綁架了好一陣子，但是，時間一久，自己真正的內心還是沒有辦法接受24小時完完全全地投入在家務和孩子身上，其實，仔細想想這也是個很好的一個自我體認的過程，認清自己還是那個需要在其它方面自我實現價值的女性，所以，一有機會就二話不說馬上勇敢抓住，也造就了後來的我在全職媽媽期間的零工經驗。

現在成功接案的自己，也是經過無數個夜晚崩潰過後的自我對話，花了些時間對外找尋救援資源，結果，所有的阻礙真的就一一化解了，想想之前給自己的質疑，真的很多慮，才發現只要自己想做，真的就會找到方法，就會莫名的力量幫助自己。

重點就是：自己的人生由自己決定，不要太在乎別人的言語。

## 7大內心阻礙OS的破解錦囊

> ### Q1 孩子最需要媽媽的母愛，別人會給孩子同樣的愛嗎？

這個世界上對孩子最重要的，的確是媽媽。

但是，人類是群居的動物，一個家庭之外，還有很多必須的親友聯繫存在，像是爺爺奶奶、阿姨姑姑們，這些都是很重要的人際關係，對一個孩子來說，除了媽媽之外，也要學習和其它的親友相處，透過不同角色帶給他們的對話和相處經驗，也能成為他們的學習養份，所以，媽媽真的不要逞強，覺得自己一定要是孩子的唯一，時間久了，對媽媽和孩子都不會是好現象，對一個關係過度的依賴，在成長的路上也要花很大的力氣才能讓孩子獨立，找到彼此關係的平衡點比較重要。

媽媽學習放手的藝術，不要讓孩子成為大家口中的『媽寶』，真的也是一門大學問，而我也還在這條摸索的道路上。

如果親友的情緒控管或是行為模式和一般人比較起來是有狀況，建議就盡量不要讓孩子跟他們單獨相處，避免不必要的家庭紛爭，這也是我的孩子的血淚史，請大家在心底筆記下來啊！

## Q2 新聞那麼多不良保母，會給孩子不好的傷害和陰影。

做足功課和調查很重要，這個社會上的不良保母的確存在，但是，優秀有口碑的保母是佔大多數的，絕對不要因為新聞的單一事件，就過度造成因噎廢食，不敢對外尋求幫助。

早期的保母沒有證照，靠的是鄉里間口耳相傳的口碑推薦，她可能是你社區裏面的一個阿姨或是媽媽，很多帶孩子的方法，的確會影響一個孩子的發展，但是，現在的社會氛圍重視專業，保母證照變成必備的檢視基本項目。

有個很好的方法，就是『試用期』。

　　舉個親身經驗，當時生完第二胎的我，從月子中心回家後，就透過以前學校社團學姐，介紹龍鳳軒一位非常優秀又貼心的玉鳳月嫂來家裏幫忙，她真的非常專業，從幫忙孩子洗澡、餵奶到安撫都是專業又到位，除了料理美味可口的月子餐外，也會幫忙整理家務，同時，會傾聽媽媽的聲音，幫忙排解媽媽內心對育兒過程的種種擔心，所以，至今我們都還有聯繫，成為很好的朋友，我也會轉介她給我身邊的姐妹好朋友。

　　好的保母，真的是會讓自己的育兒旅程，快速通關又自在起飛。

　　我也有遇過一個很兩光的月嫂，最讓我不能接受的就是，她一邊幫我的孩子換尿布，一邊開手機擴音跟她的朋友講電話，整個到府服務的過程，就是手機不離身，一有空檔就用手機上網，一直滑個不停，像這樣的不良月嫂，當然，隔天馬上就請她出局。

　　所謂『百聞不如一見』，從一開始事前的搜集資訊到親身體驗，透過實際互動的碰面聊天，就可以知道彼此的磁場是否相容，當然就可以降低很多擔心的風險。

Q3 | 你現在出去打工薪水那麼少，不如自己在家帶孩子。

很多媽媽們就會說現在外面工作基本工資的時薪那麼低，還不如就繼續在家帶孩子，可是，真正的要被照顧的是媽媽的內心，偶而抽離密集度百分百的育兒生活是絕對必須的，時薪多少不是重點，而是透過零工的方式，讓媽媽們能接觸到不同的人事物，真正的價值是在這樣的轉換效益，遠遠大過於實際拿到的薪水。

『有距離，才有美感』，這句話真的很適用在各種人際關係。

夫妻關係：一定要有各自的朋友或興趣。
　　　　　小別勝新 "婚" 一點也不假！
婆媳關係：如果可以，真的不要住在一起。
　　　　　他的兒子也會比較獨立。
朋友關係：君子之交淡如水。久久相約聚會一下，
　　　　　感情歷久也彌新。
親子關係：適時地離開孩子，讓孩子學會獨立，
　　　　　也學習和別人相處。

每當我外出執行專案回家，就會特別想念在家中的孩子，給予孩子們的陪伴品質真的會比全天候的陪伴好很多，媽媽一旦有了小小的工作重心，外在的穿著和內在的自信，那樣真正發自內心的喜悅，孩子們也會感受得到。

還有，一個意外的收穫，就是當媽媽因為要去執行任務，就會比較有羞恥心，會比較有動力打扮自己，拿出塵封已久的保養品和化妝品，放在衣櫃很久的套裝，與鞋櫃裡很久沒有上路的上班女鞋，整個打扮起來，又恢復當年職場上亮麗的自己，反而多了一份成熟的韻味；另一半老公看到自己的眼神也會彷彿看見其他美麗的同事，想說那個整天在家帶孩子忙著整理家務的黃臉婆怎麼不見了？

媽媽們，一定要動起來，別因育兒生活失去可以更好的自己啊！

 **Q4** | 我不知道自己可以做什麼？我好像只能在家帶孩子。

我們先來做個假設？

假設原本有小孩的全職媽媽們，現在可以走向一個回

到過去的魔法任意門，現在又恢復單身了，也沒有結婚，如果人生可以重來一次，你覺得自己最喜歡做什麼事情？這件事情同時可以發揮你的長處和創造價值。

我常常會問自己這個問題，然後，就會出現很多意想不到的想像。

回到現實之後，會發現我們也不是一開始就很會當媽媽的啊！以前的自己聞到大便就想吐，現在孩子一大便，直接就抓去洗屁股，這些的育兒技能一切都是日積月累熟能生巧來的。

要做什麼不是問題，而是要清楚自己喜歡什麼，這件事情可以讓自己產生成就感和愉悅感就很重要。

我有一個相識快30多年的專科好姐妹龍虎媽，在全職媽媽帶孩子的過程中，本只是單純想教自己的小孩學習顏色，因而聯想到氣球的繽紛，就特別跑去氣球店買材料，進了氣球店竟發現氣球可以有這麼多的可能，也開始了學氣球與孩子互動氣球的旅程。

一開始，我們姐妹淘約會的時候，龍虎媽她會帶可愛

造型氣球來和姐妹們的孩子們分享同樂，每次的作品都令人嘖嘖稱奇，手藝也越來越精進，後來，她還去參加氣球社團，一起去做氣球公益活動，認識了很多相關氣球同好，開啟了許多氣球的零工機會。

勇敢踏出去真的很重要，一開始的初衷不一定要是能讓自己有收入，而是自己享受在其中，樂於跟周邊的朋友們分享，一天一點一滴的累積，就像我洗孩子屁股的技能一樣，動作會越來越精準快速，帶孩子也會找出和孩子相處的自在模式。

自己一定要相信自己，真的比什麼都重要。

## Q5 | 老公工作辛苦，我應該要成為他背後最重要的支柱。

一個家庭的組成，除了媽媽之外，爸爸也是個非常重要的角色，孩子們也是需要常常跟爸爸相處的。

一般來說，媽媽通常給予孩子們的是安全感和保護機制，爸爸給孩子們的是另一種生活刺激和樂趣，會有一起

去冒險的愉悅感。

以『跟孩子講故事書』這件事情來說，媽媽講故事可能就比較容易照著書本所描繪的一字一句，按步就班地跟孩子們說完，我們家的爸爸就不同了，只要請他講故事，孩子們總是會很笑得比以往還大聲，因為，在媽媽眼裏，我們家爸爸又會胡搞瞎搞亂講一通，改編故事情節，讓原本的故事變得很有趣，又會帶入像『**突然就放了一大屁，噗**』搞笑的詞彙或用語，或是工作太累，他就隨便地草草快速地講完一個故事，孩子們就會馬上好像抓到爸爸的小辮子一樣，一直要爸爸再講一次，然後，又會產生很多好笑的互動和情節。

親愛的媽媽們，放心地把你們家的孩子交給那個大頑童吧！你的孩子會因此變得更勇敢且機靈一些。

老公工作辛苦，身為另一半的我們當然要是他的背後支柱，只是這個支柱如果一直壓抑自己內心的想望，日子久了，也會累積成一種無形的不滿，心裡會覺得為什麼好像都是自己在犧牲，為什麼孩子都只能找我？這不也是你的孩子嗎？久而久之就形成老公不主動管孩子的事情，理所當然地認為這就是媽媽的責任。

當自己已經跟自己內心對話完，也瞭解自己最真切的想法之後，下一個步驟，就是要學著跟自己的老公對話溝通，找尋雙方都可以接受的情況，外出打工或接案的決定，一定是要夫妻雙方互相協調和體諒之下，把孩子安排到二夫妻都認可的地方，媽媽才會無所畏懼地放心出門，也會對自己的打工或專案盡情發揮。

相信有工作發揮的媽媽，一定還是可以成為老公背後那個超級支柱的。

**Q6** 把孩子送到安親班，孩子好可憐喔！一直在寫講義。

一般坊間的安親班的確就是幫家長們處理好孩子的接送、晚餐、盯好孩子的回家功課，聽到最多的安親班情況，就是給孩子們增加複習科目，讓孩子一直練習另外的參考書和講義，對許多孩子來說，這樣的安親班給予孩子的學習效果，可能一開始會很有成就，但是時間一長，對孩子的學習效果真的就有限。

年輕時期的我，也曾到坊間的安親班擔任兒童美語老

師，對於他們內部的教學文化，如果現在要拿來教育我的孩子，我可能也沒有辦法接受，那個時候，新北市的各區安親班，我幾乎都有待過，比較靠近市中心的區域的安親班的教學品質還好一些，但是，位於偏離市中心區域的安親班，那裡就真的開了我的眼界，帶班老師們的本身素質也不高，打罵孩子們的功力都是令人害怕的等級，孩子們在那樣的環境下成長，真的不是一個好主意，這些都是20年前的情況，希望現在的安親班已經沒有這樣的情況，這件事情讓我體會到教育界的城鄉差距是真實的存在。

現在許多用心的父母也看到一般安親班的不足，很多家長們是讓自己參與的角色比重多一些，一起找到志同道合家長朋友們，共同找一個所有家長們都能認可的課後輔導老師，老師要來接任這個職位，要跟老師面試的是家長，老師可以事先和家長與孩子們共同討論每天課後的行程，這樣的效果會不會比其它上一般安親班的孩子們好一些？這就是目前時下最夯的『共學』。

現在市場上也有升級版的安親班，他們主打的課後輔導的課程內容十分有趣，著重實作與互動性，這些都是可以在許多網路平台搜尋得到的資訊。

各位親愛的媽媽們，別讓孩子成為阻礙自己發展自己

興趣或是發揮自我價值的理由，記得，不一定要有實際的收入，而是要讓自己能有自我獨自完成的時間和空間，那就放心去試試看，一天一點累積，有一天會看見自己與孩子們的共同成長變化的。

## Q7 | 感覺已跟社會脫節，記憶力和反應力跟不上年輕人。

　　一般來說，一個女人從懷孕到生產完再加上做完月子，就離開了原來的工作崗位，就已經將近是10個月，後續如果再選擇了目前政府法定育嬰假，最常的育嬰假是2年，前後加總起來就已經是快3年的時間，一個女人在家帶孩子的時間，也就是所謂離開職場，就是整整三年的光陰，所以，很多女人如果選擇了上述的路徑，就會很容易地繼續待在家做全職媽媽，這似乎是大部份的常態。

　　等到嗷嗷待哺的孩子們長大，要去學校就讀學習新知識和群體生活的時候，全職媽媽原本的一天要花在孩子身上的時間就會多出來很多，大部份媽媽們就是趁著這個時間，好好找回自己，不管是學才藝或是參加社團，這麼一點一滴讓過去失去三年的自己，慢慢拼湊回來。

常常會聽到的最典型案例就是，一個原本是全職媽媽的女性，決定重返職場，往往在第一關面試就會面臨的第一個質疑，就是工作能力，還有是否能配合公司業務需求而加班？

回想起自己接案時的情境，我發現，現在越來越多老闆是願意接受媽媽型的員工，也會對媽媽型的員工有所寬容，就好比說，我曾經就遇到一個老闆，他非常的大方仁慈，他是直接跟我說：『歡迎你可以帶孩子來公司一起加入我們的會議。』這點就讓我非常感激，反而在工作表現上會極盡自己的力量，為公司爭取最多的權益。

記憶力和反應力是一定比不上年輕人，這是一個不爭的事實，但是，生完孩子的女性成熟度以及處理事情上的態度，是絕對比未婚或是未有子女的員工來的更圓融與更具全面性，因為我們都可以將世界上最難搞的生物，就是新生兒寶寶，照顧他們到健康長大，在家裡的時候，還要搞定全家大小各項日常的運作，就憑這一點，我就覺得全職媽媽們的技能根本就能完勝很多人。

以我過去在台電電幻1號所服務的一件小插曲為例，曾經在工作場域上，我們遇到一位個性古怪的顧客，這位老伯伯一進到我們的展館，就開始大聲吆喝：『這裡可以繳

電費嗎？我要繳電費。』

服務台的工作人員馬上跟他說明這裡是台電公司第一個再生能源的教育展覽館，向他表示他可以隨意參觀，二樓有能源健身房可以體驗。

結果，當下這位個性古怪的老伯伯馬上怒斥現場工作人員，我就是要繳電費，叫你們長官出來。

我，就是當時現場的最高長官，年輕的妹妹同事們馬上衝到辦公室跟我求救，媽媽我馬上就套起西裝外套，從容不迫地走到服務台應戰，微笑地重覆跟顧客說明繳交電費的地址引導，並且說明本展館的定位與介紹。

結果，如我心中預料的一樣，這位老伯伯看起來就是不肯善罷干休的刁民，馬上用他的手指頭指著我的臉大聲說：『少跟我說那麼多廢話，你這個混蛋，我就是要繳電費。』

現場氣氛一度緊張，但是，媽媽我真的不是省油的燈，竟然敢對人公然人身攻擊，真的是踩到我的底線了，我馬上堅定回應這位老伯伯：『好吧！既然您這麼堅持，

我們只好馬上報警處理了。』

　　這位原本氣勢高漲的老伯伯如我預想的一聽到我們要報警，馬上變成了一隻縮頭烏龜，開始拿著他手上的電費帳單自言自語慢慢想假裝沒事地往大門口靠近，其實，我當下都想好後續應戰的SOP了，如果這位老伯伯再繼續鬧事，我馬上就要指揮現場工作人員，請一個拿手機錄影，另一個去找樓上的保全人員，而我也準備要拿起服務台的酒精瓶自我保護，但是，看到老伯伯這樣自己為自己找台階下了，我們就得饒人處且饒人，老伯伯臨走時還大聲地對空氣中說了句『對不起』，我想，老伯伯是知道自己錯了，不可以再這樣任性地欺負年輕妹妹。

　　時下很多年輕人的確在最新工作的技能與技術是遠遠超過所謂的職場老前輩，但是，他們真的就沒有職場前輩的見多識廣，危機處理上的思考就比較單一也比較容易緊張，所以，各位媽媽們，千萬不要妄自菲薄，只要相信自己，勇敢踏出去就一定會有出路，你們一定也會跟我一樣，當上了媽媽以後，在不知不覺中都變成神力女超人了。

　　曾經我遇到一位有智慧且信心十足的職業媽媽，她跟

我分享她之前也是為了孩子先選擇暫停工作，當了二年全
職媽媽再重返職場，她說她就是向當時面試她的主管表
示，在二年全職媽媽的期間，她的媽媽成就事蹟為：

1. 成功從什麼都不會變成什麼都要會的媽媽：
   "學習新知的能力"。
2. 成功可以同時可以完成很多家事任務：
   "時間管理的能力"。
3. 成功精打細算把小錢變大錢，買菜一定要殺價：
   "財務管理的能力"。
4. 成功把孩子撫養長大，培養其正確觀念又有禮貌：
   "教育講師的能力"。

結果，她順利地獲得那份工作的機會，所以，全職媽
媽的工作並不毫無價值，端看我們怎麼看待自己，有無看
重自己，相信自己一定可以勝任接下來的挑戰，別人也一
定會被你的信心感動產生認同，給予你機會。

## 全職媽媽『前面』的新好男人

　　每一個幸福的全職媽媽『前面』都有一個當代的新好男人。

　　為什麼是『前面』的新好男人呢？因為，的確是要有一個好男人在老婆『前面』頂著，她才能安心無慮地做好並享受著當全職媽媽的樂趣。

### 永遠站在老婆這邊

　　這裡一定要分享的是我嘉大研究所 J 同學的老公，從以前到現在，每次只要看到 J 同學的臉書，都可以感受到閃閃愛的光芒，因為她真的很常在臉書『曬老公』。

　　這次我的人生第一次出書，需要多點案例故事跟讀者分享，我馬上就想到 J 同學，親自聽她聊聊她的老公愛老婆事蹟，結果，J 同學停不下來，一連馬上就可以跟我分享快 30 個在她的過去婚姻十年中，有關她老公的愛的表現，這真的很厲害，下一秒，我也在想自己能不能像她一樣馬上講出自己老公的 30 個愛的表現呢？從 J 同學的分享，讓我馬上有個很深的領悟就是

　　懂得 "感恩的女人，一定會幸福，也值得幸福。"

　　她的婚姻生活就是這麼建立在夫妻間互相感謝與心甘情願地為對方付出，日積月累的正向循環中，叫他們倆不幸福也難啊！而在這樣家庭成長的孩子，相信也是充滿著愛啊！

　　因為30個愛的事蹟實在太精采了，我還是留給她以後有機會讓她慢慢自己跟大家逐一道來，在這裏就分享一個令我覺得最重要的一件事，就是不管發生什麼事，永遠都站在老婆這一邊的故事。

　　J同學回憶起她剛生完小孩的那年，她的公公到他們家作客，結果不小心她與公公有一點小爭執，當下她的老公在第一時間是站在她那一邊，直接叫她公公不要再講話了；結婚後，第一年過年回婆家跟鄉下親戚們團聚，除夕的團圓飯的一開始，她的婆婆故意在大家面前說，等下的碗都留給J同學洗喔！她的老公吃完飯之後，立刻自己去洗全部的碗，叫J同學都不要碰。隔天一大早六點多起床，J同學自己主動去幫忙廚房的事情，姑姑除了沒有給她吃早餐之外，還分配更多的廚房的事情給她，交待她做完後，還要清潔整個透天厝的地板，這件事情讓她老公知道了，她老公馬上要J同學什麼都別做了，以後過年回來就是睡到自然醒，什麼都不用做，至今結婚十年，每年過年回去鄉下團圓都是如此，完全不用做任何家事，睡到自然醒。

這件事情對一個女人來說，她的老公就是在自己家人『前面』替老婆頂著的氣魄，可以想見 J 同學的婆家是多麼的傳統。

誰說女人嫁入你們家庭，就一定要包辦所有的家務事？還要講給親戚聽，都21世紀了，真的很不能接受這樣的觀念，一個優秀的女人讀那麼多書又有工作經驗，她可以認知這個世界有多麼地寬廣，她因為愛而嫁到您們家，真的不是讓她來被使喚的。

因為 J 同學的分享，才讓我聯想到幾個朋友們的婚姻生活，其實在一開始所謂的婆媳問題，真正的關鍵人物就是在老公身上，雖然 J 同學笑著說：『*他老公深知太座安得好，生活沒煩惱。*』但是，我真的認為真正有智慧的男人就是應該如此，所謂夫妻是彼此的牽手，她是你一輩子的牽手，如果連她，你都照顧不了，保護不好，那怎麼敢奢求未來的婚姻生活是美滿的呢！

因為 J 同學30個愛的故事分享，讓我想起並重溫自己老公的好，從今天開始，我也要當一個懂得感恩老公的女人，不要再對他碎碎唸啦！

## 父子檔每年的環島旅遊

在這裏，不得不分享一個新好男人之二的案例，就是之前
邀請我去演講的陽網扶輪社前社長張舜傑，他目前是個三寶
爸，我認識他的時候，他還只是個雙寶爸，與他交流育兒經驗
後，才發現原來他也是住在有二個電力無窮兒子的男生宿舍，
身為媽媽的我不禁要佩服他的老婆大人是怎麼熬過來的。

讓我更加佩服的是，一開始是在2015年，社長夫人肚子裡
還懷著小兒子，社長夫人就帶著大兒子與肚子的寶寶，還有
夫人國小同學的兩個4歲跟6歲女兒，兩大四小完成了第一次
火車環島，之後每年暑假，家中小朋友都會期待暑假的環島
活動。

2017年為了讓2歲多的小兒子戒掉母奶，張前社長決定自己
帶一個五歲幼稚園念大班的大兒子，跟一個兩歲多的小兒子，
父子三人獨自完成火車環島，讓老婆出國度假，之後，每年暑
假都會帶著他的二個寶貝兒子一起環島。

他還很認真的跟我分享每年用心規劃環島的行程表，他跟
我說因為老婆真的太辛苦了，所以，每年他都會跟公司請年
假，運用1-2周的時間跟自己的兒子們一起規劃環島行程，除了
體恤老婆，讓老婆可以好好放假以外，他也可以和兒子有個深

度的men's talk，這對一個男孩成長來說，是不能取代的寶貴回憶。

## 薪水全上繳 開銷不過問 家事一起扛

新好男人案例三是我的專科好友小如，她的老公是個公務員，從他們結婚後，每個月薪水都是交給老婆小如處理，在小如全職媽媽的生活裡，當她照顧好全家大小的繁忙行程之餘，她給自己最好的放鬆休閒就是去學才藝，舉凡手工皂、書法、裁縫等，一去上完課程所附帶的課程材料和器具物件都是很可觀的。

最近全臺疫情爆發，有一天，就在她居家防疫，準備實行家中物品『斷、捨、離』大掃除的時候，她突然驚覺在過去十幾年的婚姻生活中，她還真學了不少才藝，不管後來有沒有很實用，隨著家中堆積的課程相關物件越來越多，她親愛的老公，真的都沒有多說一句話，而是讓老婆開心地去學習享受每一個課程。

最讓她感動的是一件平凡的小事，就是從她為家裡大小張羅三餐開始，她的老公每次下班，晚餐飯後都會自動去洗碗，加切水果給全家人享用，數十年如一日，無一例外，這

樣的新好男人真的令老婆很珍惜，我相信小如雖然說她真的上了很多課程，看起來花錢不手軟，但是，其實夫妻之間，真的是互相幫忙的最佳團隊，今天你多給我一些溫暖體諒，明天我也會多給你一些幫忙鼓勵，我相信小如一定也是在整體家庭財務可控範圍才做的支出，他的老公一定也是這樣信任自己老婆的。

## 愛妳始終如一 親友視如己出

新好男人案例四，是在我2010臺北國隊花卉博覽會每次舉行記者會和重大活動的時候，都會遇見的專業美麗主持人姮均，認識姮均很多年了，我們之間的緣份很奇妙，最早的緣份開始是在臺北花博，後來的我，因為很嚮往專業主持人這個職涯，還私下與姮均約會請教，大方的她完全不藏私的與我分享專業主持人工作的甘苦談和訣竅，雖然她的年紀比我小一些，但在主持專業和待人處事都是十分圓融，是個值得我學習的對象。

後來，我們常常不期而遇，從在台大醫院為彼此鼓勵加油打氣，到樹林社區公園散步都能遇到，發現彼此的親友生活圈都在樹林，最令我印象深刻的就是連我去參加老公公司舉行的員工家庭日，都能遇見她正在台上專業的主持，真是號稱全臺

最有名且最受歡迎的專業活動主持人。

　　也就是在那一場員工家庭日，我第一次遇見姮均的老公—老吳，當時，我認出台上的姮均，開心的不得了等著要跟她在台下後台擁抱相見歡，就在這個時候，我發現台下有一名男子，一直很深情地望著台上的主持人姮均，當時一開始我還在想，這是哪一個怪異男子啊！怎麼一直盯著女主持人看啊！後來，才發現這名男子越看越面熟，原來就是當時姮均常在臉書曬的男主角老吳啊！果然，心想熱戀中的男女看彼此的眼神都充滿愛慕之情，擋都擋不住，後來才知道原來當時的他們已經登記結婚了，老公看老婆的眼神還是這麼熱烈，真是令已婚多年的媽媽心生羨慕啊！

　　姮均和老吳走向了婚姻之路，貼心的老吳跟熱戀時期的他一樣，對姮均照顧地無微不至，家裡日常的事務大部份是老吳在處理，姮均外出接活動時，大部份都是老吳照顧孩子，若是姮均有時候返家時間太晚了，老吳偶而會臨時請公婆幫忙，去車站接她回家，給她驚喜製造浪漫，與老婆約會也從來沒有遲到過。

　　最令人感動的是，對待姮均的親友視如己出，都會盡力幫忙。很多男人會以為娶了老婆以後，老婆的親友們都跟自己沒

關係，也不會特別花心思去維繫，卻忘了一個女人雖然成家，但是，在她心中娘家永遠是娘家，過去的好朋友永遠是好朋友，那是一個女人心靈上最大的支柱，如果老公也能照顧到這最細微的一塊，那表示這個男人一定也會細心照料這個老婆，一定是真愛。

### 全職媽媽海外創業艱辛　憂鬱情緒十多年溫馨陪伴

透過好友Lisa的轉介，我主動與目前在英國從事康橋烘培坊＆心悅蔬食坊的創辦人Jessica聯繫上，請她分享她在英國創業的故事，在英國與臺灣不同時差多次聯絡未果，終於在2021年7月30日的臺灣時間的午夜，與Jessica成功海外連上線，聽到她的海外創業故事與心路歷程，更是心有戚戚焉。

Jessica是個臺灣女生，家裡是從事精品生意，年輕的時候到英國遊學期間，認識了她的老公，她笑著說自己是『因為愛情把遊學英國2個月，變成終生免費保送海外留學』，她的老公是個華裔英國人BBC（British-born Chinese），她說她會選擇以烘培做為她創業的起點，主因是她透過烘培食物料理的過程，溫暖了他人也治癒了自己。

這位以美食起家的女人，跟每個全職媽媽們所走過的路

很類似，她也曾經在全職媽媽期間被憂鬱情緒困擾十多年，從臺灣女兒到遠嫁8000里外的英國，成為英國媳婦，從當觀光客新鮮好玩的體驗，到成為定居當地新住民的生活，在飲食、氣候、環境、朋友、語言完全不同的英國，加上親人又不在身邊，感覺更是孤獨寂寞，又遇到自己母親的往生，加上思鄉的情緒濃得化不開，頓時她的世界就像狂風暴雨襲捲人生，讓生命差點拋錨。

但是，因為有了愛，老公二十多年來的不離不棄，和兩個兒子的貼心鼓勵，永遠是她的啦啦隊，用實際行動陪伴著她，老公今年2021年還幫助她成立實體工作坊，讓她感動不已。

Jessica從烘培找回了自己，一開始是兒子很喜歡吃媽媽做的糕點，有一年，一位朋友找她一起參加英國倫敦小吃節的擺攤，透過客人吃到她的料理，開心大聲說：『這就是我要找的臺灣味』，讓她內心開始找回了自我價值的成就感，逐漸開啟了她的烘培創業之路。

Jessica在分享她這9年創業的歷程：

『在創業過程中，讓她最感動的是她的老公，因為當她開始學習做糕餅，做失敗的成品，她的老公就是她的人體實驗資

源回收筒，會主動幫忙吃掉；當遇到困境絕望到想要放棄的時候，她老公會一直鼓勵她唯有堅持下去，不停的改良，總有一天，一定做出最好吃的鳳梨酥。

對外，她的老公總是開著車，不論路途是否遙遠，帶著她去很多地方參加小吃節活動，只能參加小吃節擺攤，有時候一站就是一整天，在低溫2度的室外，他始終如一陪伴著撐過去。從開始的沒有知名度，到康僑烘培坊的品牌知名度在當地華人圈打開。

對內，她的老公即便是自己也有一份高壓力的工作，她的老公還是幫忙教育孩子，讓Jessica沒有後顧之憂，可以全力在事業上發展。』

因緣際會，Jessica認識了一位單親媽媽心悅，她看到心悅想到以前一開始到英國的自己，英文不好，找工作不易，加上，她還有要獨自扶養她女兒的生活壓力，想靠自己的努力走出自己的一片天空，也讓孩子有更好的未來，2021年8月，Jessica也開始鼓勵扶持她成立「心悅蔬食坊Goodly Veggie food」，二位媽媽一起為了大家的健康，創造更多美味可口的蔬食料理，讓大家吃得更健康、更環保、對地球也更加友善。

　　Jessica說：『烘焙坊雖然沒有賺到什麼錢，但是，內心滿滿的成就感是無以倫比，人生需要成就感，讓旅外的華人吃到臺灣味，外國人透過食物了解臺灣，做得很開心，很有價值，這比投資獲利的成就感是很不一樣的。

　　在她生命的黑夜裡，因為有老公的相伴，風雨中有他的掌舵，才沒有迷失人生方向，才有今日的執子之手，與子偕老的甜蜜。』

　　讓我更敬佩的是，她還與臺灣觀光局合作，用美食推廣臺灣，持續一輩子用美食帶給人們溫度。

　　因為撰寫這本書牽動了這美好的海外緣份，聽著Jessica電話中的聲音，我也被感染到這份單純初心的喜悅，就像我現在正在撰寫這本書一樣，那種想和人分享的喜悅，是無價的。

## 情緒穩定的神隊友　支持老婆每個瘋狂決定

最後，要來談談我們家的新好男人，Kevin，我個人覺得他在我們育兒生涯中最功能無量的就是他的情緒穩定，因為，媽媽我是個超級感性的角色，情緒真的比較容易起伏，他總是在媽媽風暴中扮演一個穩如泰山的角色，沒有跟著起舞，帶領著二個兒子安然渡過很多次媽媽情緒的颱風尾，有時候，還會善用他的幽默機智化解許多本來要爆發的時刻。

興趣廣泛的我，常常會提議出奇不意的新點子，三不五時就突發奇提出想去哪玩就要馬上出發，無不例外，他都可以馬上行動規劃好所有行程和住宿，我覺得自己很幸福隨身都有一個行動導遊，全臺灣幾乎都有我們全家一起遊玩的足跡。有一年，我真的很想去法國和西班牙，他都可以在短短1-2個星期搞定所有的行程規劃，我只要安心地跟著他到天涯海角，享受我的旅行就好。

在家事協助上，我記得婚後一開始他也是習慣在家裡當少爺，很難得動手主動做家事，經過多年婚姻相處磨合，現在會主動洗衣服，幫小孩洗澡，有時候看到我的神情比較累了，都會泡上一杯好茶給我，幫我按摩，這時候，知道自己隨時被牽手重視且珍惜著，所有的疲累都會一掃而空。

## 母子三人參加專業舞蹈比賽 全程陪伴的守護

有一次,我帶著二個孩子去愛買量販店買菜,無意間發現愛買熱舞盃的比賽,我一回家就興高彩烈的跟老公說,我已經幫我和二個兒子報名了,我們的比賽隊名就是超人隊,主題曲就是無敵鐵金剛,大兒子什麼都不懂,聽到比賽有獎品,就一直說好好好,我們母子二人就開始就在房間床上亂跳亂搖,為了比賽練習準備,老公聽了直搖頭:『一定要這樣嗎?假日不能好好休息嗎?那小兒子才8個月,你要讓他在地上爬嗎?』

我馬上回:『我有背巾可以背著他啊!』聽到這句話,老公就知道我的心意已決。

很幸運的是,我有婆婆和二位姑姑們相挺,我的大姑Margo聽了馬上支持說:『沒問題,你們的出場舞台服裝交給我搞定。』

比賽當天,老公一路護送著我們到比賽會場,我們一起帶著一個快3歲的大兒子和一個才8個月大的小兒子,最後,連婆婆和二位姑姑都來看我們比賽,那天是個天氣炎熱的午後,他們一路幫我們加油打氣,全程幫我們拍照和錄影。

其實，那是一個蠻專業的比賽，去比賽的每個參賽隊伍都是街舞的身手矯健的舞者，像是HIP-HOP舞蹈裡的特殊LOKING（鎖舞），POPING（機械舞），BREAKING（霹靂舞），WAVE（電流）等，這些都是每組參賽者講得出來的招式。我們這一組超人隊，一看就知道是去鬧著玩的，但是，當時，在我心底就是覺得這個值得去做的事情，是個我和孩子們美好的回憶，等二個孩子長大了，就不會這樣跟我一起瘋狂地鬧著、瘋狂地跳著。

一站上舞台，我永遠記得自己在轉身standby的那一刻，有被自己那時不知哪來的勇氣感動到，有那麼一秒是雞皮疙瘩感動想哭的，但是，比賽主題曲一放出來，眼淚馬上吸回去，馬上和兒子互看，跳著我們平時練習很簡單的轉圈亂搖舞步，比賽過程中，大兒子當然有出包忘記拿道具走位，小兒子只能呆呆地坐在媽媽胸前的背巾上，任由媽媽擺佈，就這樣短短2分鐘，我們母子三人完成了我們人生第一次合體比賽，我永遠記得主持人當時說了一句話：

『哇！媽媽真的是超人耶！全天下的媽媽都是超人！』

那一刻，我真的覺得自己當了媽媽後，為了孩子們，就變身成為超人了。

　　我最親愛的老公，就這麼在大熱天的午後，全程陪伴著我們母子三人完成這個瘋狂的比賽，前前後後幫我們照料很多細節。而我就是知道他會一直陪著我們，不管我要做多麼瘋狂的事，他就是會一直守護著我們，這樣我才能安心又任性的想完成許多自以為是的創舉吧！

　　最重要的就是，當我在全職媽媽期間提出想外出接案，他沒有忽視我的求救訊號。媽媽在全職育兒的生活中，很容易不知不覺地讓那個精神奕奕的自己，被無數個犧牲浪潮給淹沒，不知不覺中讓那個神彩飛揚的自己，被無數個忽視冷鋒給枯萎。

　　謝謝他給予我支持，雖然我知道他一點都不想要我出去做拋頭露面的工作，但是，我會因為這件事情產生價值而感到快樂有成就感，他就會轉為支援我育兒的角色，情商把婆婆和二位姑姑都一起出動協助，讓我可以放心地去出任務。

　　前面案例中，所有全職媽媽『前面』的新好男人們，不但都要出外扛家計，回到家也成為自己老婆最佳的得力助手，彼此的合作默契，都是彼此對彼此的誠意，在婚姻裡，把每一件小事都當成是大事，每件小事都能變成對彼此的重視，簡單平凡的愛就是這樣一點一滴地累積成為到老相伴不離不棄的牽手。

那個過去只會拿錢回家，不管家中大小事務，以為出錢就是老大的大男人生物，好像隨著時代與觀念的進步越來越少，也希望這樣的大男人生物有一天會跟恐龍一樣滅絕，那麼，我們的結婚率和生育率應該就會很有起色才對。

💬 **媽咪小提醒‧‧‧ 『沒有比較，沒有傷害』**

當我向好友諮詢新好男人愛的故事的同時，心裡難免有種羨慕的情緒，為什麼我們家老公這一點沒有像誰的老公一樣呢？

這時候，我要感謝會相挺支持的好朋友就是真正的好朋友，也是敢直接跟我說真心話的好朋友，她提醒了我這句話，『沒有比較，沒有傷害』，真的是當頭棒喝。

每個人都在各自的進步路上，分享愛的故事做為讀者學習很好，但是，不是用來成為來數落誰的不是的教材，每個人天生都有各自優缺點，不應該放大白紙上那一個小黑點，真的感謝身邊有這麼棒的智慧天使跟我提醒了這件事情。

**有智慧的女人，懂得感恩，懂得惜福，**
**懂得人前人後替對方著想，值得幸福。**

CHAPTER 02/

第二章

# 接案人生

CHAPTER

# 02 接案人生

## 打造個人品牌的斜槓人生

　　隨著全球的商業環境變化快速，身為現代人的我們逐漸練就一身好本領和一個開放多元的心態，以臺灣的演藝圈來舉例，許多知名藝人都開始紛紛脫離原本的經紀公司自立門戶，除了原本的演藝事業，開餐廳、賣雞排、賣拌麵、電商團購與品牌服飾，建立個人品牌的副業是無奇不有，我們不再追求一定要有大公司的品牌光環，反而更著重在建立個人的品牌。

　　每個人的斜槓人生，從成家立業生子後更是明顯多元，一個女人會同時擁有妻子、媳婦、母親多元身份，要同時扮演好這些角色，本來就不件太容易的事情，如果再加上職場的工作身份，更是要付出更多心力，才有可能面面俱到。

　　很幸運的自己可以在全職媽媽期間開始接案，接案的性質

是自己擅長的行銷營運與企業贊助相關領域，總結過去5年來，可以順利開始對外接案的關鍵因素：

工作經驗 ＋ 人際網絡 ＝ 成功接案

就是工作經驗和人際網絡，如果身上沒有二把刷子，沒有人認識或信任自己，怎麼會有機會成功接到專案？所以，專業接案一定要有時間的累積去建立工作經驗和人際網絡，這些專案經驗都是在打造個人品牌最重要的必經之路，一個人身上的刷子越多把，對於個人的職涯發展也會有一定的優勢。以我個人來說經驗，就是同時有三家公司的邀請我加入他們的團隊，這就代表個人品牌塑造與過去的工作成效是值得肯定的。

那麼要怎麼塑造個人品牌呢？

## 社群媒體『曬工作』比『曬恩愛』重要

　　很幸運地，我們現在生長在網路世代，隨著每人人手一機的網路連結，加上社群媒體的推波助瀾，我的很多接案工作機會都是透過臉書好友轉介而來，真的是比在茫茫大海的104人力銀行還要快，除了一點小運氣，最重要的一個關鍵點，就是要常在自己的臉書『曬工作』，不但是為自己留下美好的工作紀錄，也可以讓臉書的好朋友們得知自己的近況，瞭解到自己的專長在哪裡。

　　當然，有些人設定自己的臉書是很個人私密的，那就不適合這樣子來操作。但是，我也有遇過很多朋友，他們是同時有二個臉書帳號，一個是很私人的，只有真正可以走進內心世界的朋友才能加入，另一個是很對外的帳號，就是為了工作公關使用，這也是個很不錯的方式。

　　人際網路的累積，就是透過不同的專案合作，自然而然就會結識很多領域的朋友，加入他們的臉書成為好友，就是平時為自己的人際網絡資料庫累積，同時也會發現世界真的很小，這個眼前剛認識的朋友可能是自己國中同學的大學好朋友，透過這樣的關係連結互動，還更可以產生很多精彩的火花。

很多媽媽們很常在臉書做的事情就是『曬小孩』，手機相簿裡面幾乎全部都是可愛孩子們的模樣，這沒有什麼不好?只是如果你的工作技能和專長恰好跟我的很類似，是需要人際網絡的協助，那麼適時地在自己的社群平台『曬工作』就很必須，這樣會讓業界的朋友們記得自己，也讓自己常有機會接觸到不同的工作合作機會。

## 如何創造全職媽媽的零工經濟?

在全職媽媽期間，因緣際會加入了很多共學性質的臉書官方帳號與Line社團群組，透過這些交流平台，不但可以結識許多一起在育兒路上需要出口的媽媽好朋友們，意外發現許多全職媽媽們也是會透過自身的過去的人際網絡和資源，發展出很多特別有趣多元的零工經濟模式，像有些媽媽本身可能不像我是行銷企劃背景出身，但是，她們特別樂於交友助人，就是擔任群組裡面的好康道相報的領導者，時常地分享許多學齡前幼兒課程，親子飯店，育兒好物等，透過團購的力量，可以向廠商拿到折扣，進而也是創造自身零工經濟來源之一。

最著名的例子就是臺灣演藝圈許多女明星，後來的結婚生子也轉型成為媽媽網購團主，個個也是做的有聲有色；而不是

女明星的地方媽媽們，透過自身的才藝找出屬於自己很棒的零工經濟模式，很多媽媽們本身的烘培廚藝非常高超，時常會製作小餅乾、饅頭、蛋糕等跟其它的媽媽好友們分享，開始在媽媽社團社群接單，也是個實現自我才藝的好方法。

　　以我自己妹妹的例子為例，她本身是個嫁到雲林的三寶媽，當她的孩子們都逐漸長大就學，全職媽媽的生活時間似乎多了一些，於是，她透過當地朋友們的轉介和網路平台，得知許多國小都有對外徵求代課教師的職缺，尤其是在偏遠地區，這樣的需求還真的蠻多的，透過這樣的機會，她成為了國小代課老師，對她而言，這樣不但可以貼近自己孩子們在學校所學的課程，也可以透過這樣的方式，更了解學校運作的方式，除了創造零工經濟外，更大的收穫是可以結交許多學校老師的朋友，讓許多學習資訊不遺漏，最大的受益者也是回饋到她的孩子們身上，這真的是超值的零工經濟了。

　　除了上述臺灣全職媽媽零工經濟的方法外，其實不止是在臺灣全職媽媽需要自我價值的實現，而是全世界的媽媽們都很需要，這裡也跟各位分享幾個海外媽媽們特別有趣的零工經濟的案例。

## 英國案例

　　我的國中好朋友Lisa，目前人在英國英格蘭，她從高中的時候就離開臺灣到國外讀書深造，後來，遇見她的人生重要伴侶，在英國結婚生子，她跟所有的媽媽們一樣，都曾經因為育兒必須放棄當時的工作，但是，後來她運用自己過去的工作經驗，利用了網路線上教學平台，開啟了她線上授課的零工經濟，教授的學生都是外國學生有關中英文的語言課程，這也是很能平衡育兒與自我實現的一種方式，尤其，現在在歐美國家越來越多人重視英文與中文，加上2020-2021年Covid 19全球疫情大爆發，這樣的線上教學工作看來也是接近國際潮流，完全不受時間與空間限制的零工經濟。

　　以下是好友Lisa分享目前使用教學的平台，分享給有同樣生活與工作經驗背景的朋友們：

　　◉ 學習中心_公司简介 - VIPKID在線青少兒英語
　　　https://www.vipkid.com.cn/web/learningcenter

　　◉ 這是給美國和加拿大籍的老師申請平台
　　　（主打北美腔調英語學習）
　　　VIPKid | One Global Classroom for All

　　Lisa好友分享線上平台上課的模樣，相當逗趣可愛，想必學生們都很享受她的課程。

　　在海外的媽媽們，很多是在該國家攻讀學位後，隨著工作與結婚生子就留在當地生活，她們也會運用過去在該國當地留學的人脈和資源，開啟協助學生們海外留學就讀的代辦事務與找尋住宿等服務，這也是很有市場的零工經濟喔！

## 中國案例

隨著兩岸經濟交流的頻繁，許多臺商都會攜家帶眷從臺灣到內地工作，我的幾位好同學也是這樣的情況，當他們的老公每天外出奮鬥，她們身為家眷，人生地不熟，在那邊生活，一開始真的也很難有什麼工作機會，但是透過台商會、孩子們上課後的家長會交流後，就會有很多意想不到的零工機會。

像是我研究所的好友小兔，她就開始在內地東北的接案，有關中英翻譯專案的零工機會，還有市場上的研究報告，需要做問卷統計調查的工作，曾經最高紀錄，竟然可以同時有四件專案在手上跑，她也是經過自己的專業努力，在當地打出她的專業口碑，發揮之前在研究所做論文時的所學，典型的靠著知識加值轉換成創造CP值較高的經濟來源。

最重要的一個關鍵，是小兔同學和我分享的，很多臺灣人來到別的國家或是區域，很容易會把自己侷限在原來跟臺灣有相關的工作，但是，別忘了，現在是網路時代，全球都有商機，主要是看自己能不能調整自己的心態，去接受不同的文化和風土民情，多去主動地結識當地的朋友，當地的朋友就會和自己分享有哪些地方正在招聘或有專案接案的機會。

　　專科老同學攜家帶眷也在中國北京工作近十年了，他的老婆佩茹也跟我分享，在中國大陸，有一個特別的現象是，如果年齡超過35歲的媽媽們，真的就很難有機會再二次復出回歸職場的機會，主要是中國地大物博人才又多，職場文化競爭激烈，長江後浪推前浪，江山代有才人出，相較於臺灣，臺灣的企業主比較會看重媽媽們過去的工作經驗，比較願意給予全職媽媽復出職場的機會；所以，在中國的全職媽媽們最常從事零工經濟就是自己組微信的團購群，主要販售食品或是生活用品，或是做其它國家的知名商品代購服務，工作時間彈性又能實現自我價值。

　　在臺灣，有二個知名斜槓媽媽的部落客也經營得有聲有色，幫助了很多有類似需求的媽媽們。這二個平台都有跟大家分享適合媽媽在家賺錢的工作，也有教導大家如何斜槓的方法，有興趣的讀者也可以去他們的平台參考，找到適合幫助自己的文章。

- ✅ 『斜槓媽媽』
  https://www.momrunsbiz.com/

- ✅ 『斜槓媽咪福利社』
  https://wfbalance.com/mom-work-from-home/

## 創造零工經濟好幫手

現在網路上有非常多的外包推薦平台，如果是行銷企劃工作型態，我個人就曾經使用104外包網，PRO360達人網等，舉凡家教、工程師、行銷企劃、設計師，到專精的水電工、教練等，都是可以提供服務的類型，這類的平台所產生的零工經濟的收入也會因為個人專業產生CP值較高的收益。

也會有媽媽們問我，如果沒有上述提到的工作經歷，那麼有沒有其它管道方式可以讓自己稍微喘息一下，坦白說，這樣的零工經濟模式就會比較偏向勞力密集工作型態，像是有幾款打工APP推薦，如：Dcard、PTT、打工趣、小雞上工等，裏面的工作類型比較像在賣場的試吃人員或是電話行銷人員，時薪都是符合目前政府法令規定的最基本水準。

在中國大陸若想要找零工機會，大部份是使用微信公眾號，就可以關注找兼職的工作，但是，真真假假就要靠經驗和當地人脈的辨別，要小心很多是網路詐騙。很多在中國的朋友，都是靠當地朋友口耳相傳的分享，才可以找到安全又理想零工經濟的機會，如果要找像臺灣104人力銀行的平台，建議就可以找「智聯招聘」和「前程無憂」，上面刊登的工作機會相對而言就會比較有保障。

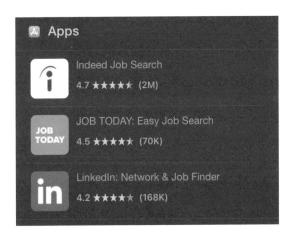

　　在美國，華人168是當地華人最常使用的平台網站與APP，或是Facebook上的相關工作的功能表有當地的工作機會。而全球人力平台，最有受歡迎使用的有Indeed與LinkedIn，Indeed 是最普遍的使用的謀職平台；LinkedIn雖然不是找工作的網站，但是只要把自己的履歷和工作經驗放上去，有些公司會直接在上面找尋適合的人才。我曾經就有一個朋友就在上面分享過去優秀的工作經驗，就有公司透過LinkedIn APP聯絡他，邀請他加入至他們公司，更不用說海外的工作機會，在LinkedIn上也常常會上演挖角的劇碼。

## 最佳救援部隊

　　一個家庭當有小孩新成員出生時，最辛苦的時候就是學齡前的3-5年，也就是孩子們從出生到3-5歲，如果一年365天，每天24小時，大部份都是媽媽一個人全部包辦育兒的工作，那真的是一件非常可怕的事情，我想不只是憂鬱症，恐怕躁鬱症也會慢慢找上門。

　　這時候，在我外出執行各項專案的重要時刻，育兒的最佳救援部隊第一順位就是『家人』，舉凡爺爺奶奶、外公外婆等長輩，還有就是自己的兄弟姐妹們，像我們家最重要的救援部隊就是二位婆婆們，還有二位姑姑，我們不可能完全放心把孩子交給其它的陌生人，如果沒有她們偶而地支援，我想我也不可能安心地外出開會，執行各項專案的工作。

　　透過孩子們三不五時與婆婆奶奶與姑姑們的互動，孩子們會建立一套親友交流的模式，你會發現孩子們會從其它親友身上學到更多的生活小樂趣，像我們家的孩子，就常常會在家喊說：『媽媽，今天可以去奶奶家玩嗎？』因為奶奶家好多有趣的樂器，姑姑的鋼琴可以彈，在奶奶家就沒有媽媽訂的很多規矩，可以隔外放肆地玩耍，孩子們和奶奶的交流是種很特殊的情感，這是份無可取代的美好回憶。

　　我就很想念小時候在鄉下和自己奶奶相處的日子,那是一段很安靜單純的記憶,父母當時都在臺北上班,把我託給在關西鄉下的奶奶照顧,我記得那時候我每天都很想念爸爸媽媽,每天睜開眼睛都在看日曆,希望爸媽答應來接我的那一天能趕快到來。

　　那時候,奶奶的家是個傳統的三合院,奶奶都會坐在三合院的中庭,做聖誕節燈飾的手工,小小的我在一邊陪著玩著。我記得每天奶奶會牽著我的手去上市場,買菜回程的時候,她都會買一份花生煎餅給我吃,花生煎餅是屬於我和奶奶的美好回憶。雖然那時候的我才2、3歲,但是,那個場景的光線、溫度和氣味至今都還在我的記憶裡面。

　　有機會可以偶而這樣的將孩子丟包一下,交給奶奶照顧,媽媽就可以多出時間去完成專案的工作,或是夫妻倆來一個浪漫的小約會,都是件可以同時對孩子、對婆婆與對自己,創造三贏的局面,何樂而不為呢?

## 陪玩姐姐

除了家人外，另一個很不錯的選擇就是『陪玩姐姐』，目前網路有些平台也經營得有聲有色，像是『Bananny托育小幫手』，不但提供有專業證照的保母，其中陪玩姐姐也是一個重要的服務選項，這絕對是全職媽媽育兒生活中一定要搭配的好幫手。

我很幸運，我們家孩子的『陪玩姐姐』並不是網路平台找的，而是過去我在致理科技大學擔任兼任講師時，認識了幾位不錯又有愛心的學生，剛好她們也住在我們家附近，所以，她們是我認識的人，從她們在學校的上課表現與同學互動的情況，就可以在第一時間過濾掉是否適合陪伴孩子，在全職媽媽完全需要一點空間的時候，比方說，媽媽要臨時趕一份計畫報告，就可以在書房完成，孩子們和陪玩姐姐在客廳說故事，玩遊戲，這樣的陪伴協助，真的可以讓媽媽好安心做好自己的事情。

我們家二個寶貝兒子很幸運能和我在致理任教時認識的二位學生一起玩樂，一位是朱彥綺，另一位是王怡文，她們二位真的是令我感到安心，而且在陪伴孩子的過程中，不斷帶領孩子體驗各種手作活動，像彥綺就常常帶領的我們家小寶一

起做烘培，還記得有一年在我生日當天下班回家，就看到兒子親手做的蛋糕，用他小小的手拿著蛋糕，用他可愛稚嫩的聲音幫我唱著生日快樂歌，媽媽再怎麼辛苦都會覺得人生一切都值得了。而怡文教會孩子玩黏土，可以玩出不同的花樣和造型，同時訓練小小孩的手部肌肉，這些都是當初沒有想到的附帶收穫。

在臺灣Covid-19居家防疫期間（2021年5月16日至7月），我們也嚐試運用時下最夯的網路互動教學的模式，發展出可以讓姐姐們帶著孩子們在線上的互動方式，一起完成了每堂30分鐘

王怡文（左）與朱彥綺（右）二位都是我們家二位寶寶的最佳陪伴姐姐。

在居家防疫期間，孩子們最期待的就是每週與彥綺姐姐的線上互動課程。

線上故事接龍、小獵人等有趣的課程。

　　至今我還是很感謝當時那段期間，她們二位三不五時地來神救援我們一下，也讓我們一家交到了一輩子的好朋友啊！

## 家事清潔好幫手

　　全職媽媽在家每天要處理孩子的食、衣、住、行、育、樂以外，最可怕的是每次家裡被孩子們弄得像原子彈大爆炸的慘況，要逐步整理回復原狀，每天同時要處理這些家務事，心情更是容易暴躁，很幸運透過好姐妹媽媽的分享，適時地對外求

助是不變的真理。

　　坊間也有很多類似的清潔服務機構，可以多做比較與試用，在貨比三家不吃虧的準則下，我真的要強力推薦『彭婉如基金會』的清潔服務，該基金會在清潔人員的培訓與三方合約的把關，是讓消費者安心的一大保證。

　　我們家每個月會有二次的深度清潔服務，除了可以稍微舒解媽媽打掃家務的心頭疲累與壓力，孩子們也透過這樣的過程，開始瞭解如何靠實際工作付出得到報酬，也會學習清潔阿姨拿起抹布和拖把，有樣學樣幫忙打掃，並且瞭解到自己的玩具要自己收，才不會造成別人的困擾。

　　我們家清潔好幫手是彭婉如基金會的喬喬，我們家都好喜歡喬喬阿姨，每次喬喬阿姨來我們家，偶而會帶給孩子們驚喜，有好吃好玩的都會和孩子們分享，喬喬是個很貼心又客氣的人，還記得那時我正懷孕第二胎的期間，行動比較不方便，有她的幫忙真的很輕鬆，貼心的她還會自動地將她的其它服務家庭中剛好有要釋出的小寶寶衣物送給我，同時，也會教我很多打掃清潔的小技巧，真的令人感到溫暖，我們家也很幸運能結交到喬喬這樣的好朋友。

## 社團媽媽

另一個非常棒的支援部隊，就是育兒社團的媽媽們，全職媽媽們絕對不要孤軍奮戰，透過參加外面機構所舉辦的育兒體驗活動，就會結識很多同樣的媽媽朋友們，主動去和她們聊天，加入line或是Facebook臉書上的育兒媽媽社團，這些都是很好的媽媽心靈支援部隊。

以我本人為例，參加的Line和FB媽媽群組社團就高達10多個，Line媽媽群組中，像是『猴寶狗寶雙寶媽團（人數高達400多人）、板橋及親子週邊討論群（已經有三個群組，人數高達近1500人）、SuperMom媽媽是超人（人數高達400多人）、蚊子老師律動課、溪北公園玩伴團……等』，這些群組有個很棒的是當有育兒或學校等相關問題，只要同時上去發問，都會可以立即得到許多家長的熱心回覆，時常可以得到最新且最正確的資訊。

有時候，孩子們突然身體不適，第一次遇到這樣情況的媽媽們，不知如何處理時，媽媽們就會火速將孩子目前的症狀和照片發至群組詢問求救，社團裡面許多護理師背景的媽媽們，會在第一時間內給予媽媽好友們安心的解答，如何在第一時間內為孩子做舒緩的措施，並且推薦周邊適合求診的醫院或診所。

　　有些媽媽們，如果臨時跟家中公婆或夫妻相處不佳的時候，第一時間也不想跟認識的親朋好友訴苦的時候，媽媽社團真的是個很棒的心靈雞湯，心靈受傷的媽媽們可以在第一時間得到回應，有媽媽姐妹們在線上搶當心靈張老師，給予很多中肯的建議，媽媽們在這個過程中也會找到救贖自己的方式，我也在這個過程中，看到很多家庭千奇百怪的案例，像是老公上酒店談生意的日常、公婆或是妯娌勾心鬥角的連續劇⋯⋯等等，更深切體會家家有本難唸的經。

　　每個人都有自己要努力克服的大魔王，好比小時候玩瑪莉歐的電動玩具，這一路上，每個人都有自己的公主要搶救，一路上會遇到很多阻礙和困難，一路上也會有很多像貴人般的星星給予自己動力，才能支撐自己到最後一個重要關卡，就是與噴火龍大魔王對決，而社團媽媽就像是一路上瑪莉歐遊戲的星星，彼此成為彼此夜深人靜的那道光芒，讓我們這群一路走來懵懵懂懂的媽媽們克服自己心中的那隻育兒大魔王一樣。

　　我們常常會相約一起去坊間很多學齡前的課程，像是瘋狂塗鴉、直排輪、足球課等，這些每週一次的共學交流，媽媽們成為朋友，孩子們成為同學，彼此分享各自育兒生活酸甜苦辣，也常常會各自拉出另外的小群組，譬如說：

和社團媽媽們一起參加臺北市文化局2020美學教育扎根計畫。

📣 **媽媽健身團：**

媽媽們每天彼
此在線上群組報告
每天各自運動的成
果，透過每天運動
照片和體重減少數
字的進步，著實也
是另一種在育兒平
淡生活中的一種成
就感。我們最常做

社團好媽媽姐妹Purple與世怡，謝謝妳們一起陪
伴著我渡過那段全職媽媽的生活啊！

的事情，就是跟著Youtube中的TABATA帥哥團的影片一起在家各自訓練，看著影片的帥哥們一起運動，媽媽們的心情會變得很好，也是個很好的生活調劑啊！

## 🔊 媽媽吃飯團：

顧名思義開立這個社團，就是要和媽媽們一起帶著孩子吃吃喝喝，選擇的餐廳一定要有孩子們可以玩樂的空間和設備，媽媽們才有機會適時放鬆，可以好好吃美食，外加互相吐苦水，說說老公們的不是，心情才會好好的啊！

## 🔊 斜槓媽媽社團 （臉書社團）：

經過臺北花博工作時期的老同事Cynthia的帶領，我記得那次是我第二胎產後的第二個月，是我第一次參加教會的手作活動，那天我們一起製作了可愛卡通的日式便當，才發現有

謝謝好姐妹Cynthia曾為我祈福禱告，謝謝妳，真的覺得自己很幸福。

一個『斜槓爸媽製夢所』的社團,這個社團的每個人都身懷絕技,也有知名的網紅夫妻檔,像是100種理想與Mom&Dad,透過實際與他們的互動,瞭解每對夫妻在育兒的過程中都是水深火熱,有的運用宗教的力量替自己尋求心靈的出口,有的透過一群媽媽們的斜槓經驗一起分享,激盪出很多特別的火花,而我真的很幸運能與她們結緣,尤其是當她們為我禱告祝福的時候,心裡更是滿滿的感動。

在疫情期間,社團團主也非常認真籌劃,讓每個參與的社友能固定每二週有一個線上講座,舉凡理財、創業故事與育兒經驗等,都可以從中獲得很多知識和技能。

我人生的第一場直播,就是這次第一次出書結合公益的機緣,也是透過斜槓爸媽製夢所的版主,同時也是網紅100種理想超強媽咪陳飛口的邀請,第一次上了蝦皮直播『CEO媽咪』的節目分享全職媽媽的零工經濟,也認識了另一位主持人,超強三寶媽咪黎詩彥(黎詩彥愛d天空),這樣的機緣際遇真的令人驚呼太值得了,同時也發現斜槓媽媽社團裏面的媽媽們真的都是臥虎藏龍,每個人都有各自厲害的技能,真的是很榮幸能夠加入這麼給力的大社團。

2021年6月3日蝦皮直播-CEO媽媽分享畫面

## 🎙 媽媽心臟很大-在家幼兒美術創作（臉書社團）：

這個社團是我個人非常喜歡的一個社團，目前社團人數已高達9.5萬人，社團裏的媽媽們個個都是厲害的自學美術工藝老師，透過媽媽們在家和孩子們互動的一件件驚人作品照片，我常常也會被刺激到，媽媽立馬變身才藝班老師的技能，例如將回收的紙箱做成機器人，還是用輕黏土製作人體器官，立即為孩子們解說人體構造的功能與位置，透過這樣的教學相長平台，提升彼此美術的技巧和創意精進，是個令我著迷的社團。

運用不要的紙箱製作機器人的身體，讓孩子自行創意塗鴉
上面的色彩，玩得不亦樂乎。

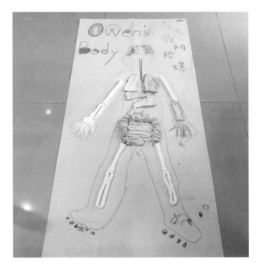

運用輕黏土製作人體骨骼、胃、肺、肝等內臟
器官，讓孩子瞭解器官的功能和位置，還可以
跟孩子們玩拼接正確位置遊戲。

## 良好1+1・公益培力（臉書社團）

這個社團主要服務的對象是弱勢家庭的單親媽媽，我也是無意中在其它媽媽群組社團中發現的，這個社團目前雖然只有400人左右，卻是個很有意義的社團，在這個社團中，主要希望可以培養單親媽媽就業（創業）的技能，能夠有照顧自己與孩子健康的能力。

尤其是現值疫情期間，很多單親媽媽是很需要實質的幫助，在『信義區三兩事』臉書中，有熱心店家在社團發起「待用餐」愛心便當活動，幫助有困難的民眾，就有版主PO文表示，有1名單親媽載著2個孩子自三重到臺北，全身濕透，就是為了領便當吃。

良好1+1・公益培力社團的出現，提供單親媽媽們實質的幫助，他們以公益模式進行，目前主要合作單位為失親兒福利基金會，成立食療煲湯培力工作坊，盡一份力量來關懷失親兒與單親媽媽們的健康，協助建構增加收入的機會及尋找資源橋梁，給予媽媽們在經濟上得以紓困。

媽媽外出打工時間表示意圖

AM 6:00 ~ AM 8:00

打理早餐 / 洗衣模式

AM 8:00 ~ PM 18:00

- 外出送大兒子上學
- 開會工作
- 奶奶與陪玩姊姊登場照顧小兒子
- 清潔好幫手登場

PM 18:00 ~ PM 23:00

- 回家幫孩子處理吃的、玩的、洗澡
- 說故事（心靈交流）時間
- 準備睡覺（迎接美好的明天）

## 有限時間怎麼辦？

常常有人會問我全職媽媽早就被育兒生活填滿了，怎麼可能還有時間去接工作？更別提如何談從工作中找到所謂的自我價值與存在感。

的確，一開始的我也莫名奇妙像被人下符似的，覺得媽媽就要奉獻一切給自己的家人和小孩，一直到我發現自己不快樂了，發現以前那個總是自信開心的自己不見了，我才驚覺自己根本不適合一直把自己擺在家庭，我是有潛力可以讓自己這個全職媽媽過得不一樣的。

印象中，在網路社群看到一句俏皮話，『時間，就像乳溝一樣，擠一下就有了』。

的確，真的只有事先規劃好，就會發現每個人其實都有安排好自己24小時的潛力，只要自己肯放下孩子，肯運用周邊的資源，臉皮厚一點，就會發現一切都會照著自己想要達成的方向走，就好像自己真的就向宇宙許願，所有的人都會願意來幫助自己，這也是這幾年我在全職媽媽期間無意練就的時間管理技能。

全職媽媽透過偶而的零工經濟，等於就是在全職媽媽和職業婦女二個極端之間找到一個平衡，可以有彈性的時間陪伴孩子成長，又同時可以做自己喜歡並發揮專長的事情，這個過程中，讓自己原本只有滿滿的育兒生活中多一點自我價值實現的可能，也可以結識不同生活圈的朋友，充實自己的眼界，也可以為未來孩子都穩定上學後，復出職場鋪路，至少業界的朋友們都還會記得自己，之後也比較容易復出。

當然，也有另一派的媽媽是越來越享受擔任全職媽媽的育兒生活，偶而去學校接課或是接個專案打工，這樣的日子也是過得很開心，最重要的是每位媽媽自己要學會跟自己深度對話，透過這樣對話的過程，找到自己的最適合舒服的方式。

社團媽媽好姐妹曾經跟我們分享過的一段話：『人生沒有絕對，育兒也沒有絕對，沒有絕對的百歲，沒有絕對的華德福。』

在這裡，我想加上一句：『人生沒有絕對，只有，每個人絕對地要好好愛自己。』

只有懂得愛自己的母親，才會有懂得愛自己的小孩。

## 如何充實自己的技能？

很多媽媽們總是會問，『不知道自己可以做什麼?』

這讓我想起吳念真導演在Be a giver演講中分享的一段話，吳媽媽對他說『人生苦短，除了死亡這件事，任何事情只要有機會都可以試試。』

這句話也一直深深的影響自己，從自己和週遭好朋友們的經歷，可以發現只要是自己有興趣的事情，經過重覆的不斷嚐試與練習，慢慢就會發現自己在哪一個領域是有天份的；也可以透過網路名師的線上課程，直接找到該領域的專家拜師學藝，這也是在2020-2021年Covid-19疫情期間，讓很多居家防疫也需要自我充實的人一個福音，這種平台模式對於全世界有需要的人很方便，完全不用考慮交通與時間的侷限。網路上網google一打『進修平台』關鍵字，就會發現這樣的學習平台琳琅滿目，選擇相當多元，舉凡超過50個線上自我進修平台等相關文章，都可以輕鬆依照個人喜好挑選想要的課程平台，在這裏我就僅分享我個人有在接觸使用的相關進修平台：

**SAT.Knowledge知識衛星平台**

我的工作幾乎是要靠嘴巴說話吃飯的,所以,怎麼好好說話對我來說,就是很吸引我的課程。

2013年積極投入「翻轉教學」,在臺灣舉辦多場演講,提倡創新教育方式的臺灣大學電機工程學系葉丙成教授就在2021年6月17日-7月25日於SAT.Knowledge知識衛星平台進行募資銷售一堂『掌握口語表達與舞台魅力│葉丙成的簡報必修課』,就吸引很多人的目光,這堂課程短短20天就已經有9753人購買,可以想見大家都認為表達這件事情是很重要的。

 **hahow好學校**

hahow的發音是「ㄏㄚˇㄏㄠ」,取自臺灣的台語「學校」的發音,也是主打募資形式的學習網站,讓學員來到這個平台「學那些學校不會教的事。」在這個平台的學習資源種類非常多元,我會注意到這個平台是透過知名藝人吳鳳的官方臉書帳號宣傳他開設的語言課程,他運用自己會多國語言的優勢,在hahow好學校平台開設『跟著吳鳳接軌國際:有說有笑的英文聊天錦囊』,讓許多菜英文的學員找到可以補救的英文聽說讀寫的好方法。

如果再仔細研究hahow好學校平台，發現所有可以增加自己技能的課程，舉凡語文、行銷、音樂、職場技能、投資理財等，在平台上都找得到。

如果本身是有一身好本領的學者專家，也可以自己上這個平台開設課程，透過網友集資來進行，這也是現在很流行的一種線上課程的開課方式，透過募集成功與否同時檢驗這個課程的人氣與可看性。

 **學籽，專門業師烘焙學習平台**

喜愛烘焙的朋友們，也可以參考『學籽（seeds.com.tw）』這個平台，如何運用家用烤箱輕鬆做出生吐司與可頌，向世界麵包冠軍拜師學藝也是日香吐司創辦人武子靖的20款的獨門配方就是很吸引我的一個線上烘焙課程。這個平台還有放上其它的烘焙領域名師課程，都可以讓人依各自的喜好去作挑選，這也是相當優質邁向烘焙達人的網路學習課程。

**親子天下線上學校**

親子天下是臺灣很著名親子類別的雜誌，近幾年，親子天下也推出線上學校，除了育兒親子課程外，也有媽媽關心的個人成長類別的課程，像是以自身抗癌成功且提倡莊子思想而聲名大噪的臺大中文系副教授蔡璧名開設的『每天15分鐘，跟著家中長輩一起由內而外提升免疫力』課程，

**親子天下 線上學校**

**所有課程**

全部　嬰幼兒　學齡兒
青少年　音頻課程　免費影音
個人成長

透過線上課程的示範，融合莊子、中醫、太擊拳與瑜珈等身心放鬆術，帶領學員一起擺脫文明病，鍛鍊身心靈的最佳抒壓管道，這門課程也在居家防疫期間，引起很大的迴響。

 **康健雜誌大人社團**

康健雜誌也開設大人社團，裡面就有針對50後的退休樂齡生活族群開設的課程，很多課程也適合媽媽們在家中當作充實自我的管道，像是大人愛運動，大人愛旅遊與大人愛充電三大

主題臉書社團，是我個人很喜歡的社團外，還有很多與我們相關輕熟的文章，都是獲取相關生活知識與充實自我的最佳充電站。

 活動通Accupass APP

活動通Accupass是我個人最常使用參加有關個人進修活動的APP，主要是提供許多展覽與講座資訊在上面，這也是臺灣一個很熱門的活動社交平台，目前開放活動的地區為臺北、

臺中與高雄，報名與購票流程非常方便，精選、學習、藝文與體驗四大主題，對我來說，這個平台提供我個人很多無數個對外冒險的可能，相當推薦這個活動平台。

Native Camp 線上英語會話

這個線上英語會話平台是我和孩子們在疫情期間蠻常使用的平台，優點是24小時365天，我們都可以隨時在我們所希望的空間與時間上課，一開始都有免費7天的體驗，我們可以選擇來自全世界的線上講師，透過選擇線上講師的過程也十分有趣，曾經就有一個線上講師的職業是土耳其空姐，她還會跟我們分享她執勤任務的趣事，增加課程互動性。據說這個平台的講師，並沒有設定最低工作時數或業績等，因此，講師們更能專注於英語教師的工作。

有沒有發現，我們早就開始發展出多樣的『自學』模式，只是從以前的實體課程轉化成為線上課程，每個人都可以在自己的一方小天地，開始練就自己的各個領域的武林招式，過去的日子，還要舟車勞頓才能見到拜師學藝的師父，現在只要在家裏，把時間和空間挪出來就可以了。

重要的是『開始，do it ！』。

這個世界真的變化得太快了，尤其是從2020年開始，全球因為疫情的帶來的衝擊，這個世界地球村的所有村民，所有的生活模式全部快速地因應調整，以前所學的與經歷的，在未來

的世界不見得會管用，我們這一代的新人類似乎要不停的學習與轉換下生存，唯一不變的是，讓自己的心平靜，冷靜下來面對。

身為孩子的母親，更是要在這場快速變化多端的環境中，讓自己更加堅定有信心，靠著不斷地摸索找到適合自己的天賦，也帶領著自己的孩子找尋到他們的天賦，所謂適者生存，這也是母親必須要教給孩子們的使命。

第三章
# 企業贊助密技

CHAPTER
# 03 企業贊助密技

世界最困難的兩件事情，
把自己的想法裝進別人的腦袋，
把別人的資源放進自己的口袋。

這句話是在臉書看到朋友分享著名的網路名言，把自己的想法裝進別人的腦袋做得最好的人是『老師』，把別人的資源放進自己的口袋做得最好的人是『老闆』，而同時能將這二件事情做得最好的就是『老婆』，把自己的想法裝進老公的腦袋，把老公的資源放進自己的口袋，任何一個老婆看到這句話，是不是都會馬上會心的一笑呢？！

開玩笑歸開玩笑，把這句話套用在職場上，我認為『企業贊助』就是將這兩件事做到最極致了。

## 媽媽在家中的企業贊助密技

媽媽要怎麼向家中的企業主（有收入的老公）尋求企業贊助呢？

這個問題是第一次上蝦皮直播分享CEO媽咪時，主持人問我的一個問題，仔細思考過後，才發覺原來自己也成功將過去職場經驗轉化到自己在全職媽媽期間，跟老公溝通家中財務規劃的運用。

一般家庭的企業主，通常會是爸爸這個角色，在這裏就先不探討媽媽本身就是自己的金主這件事，就像之前紅透半邊天的女藝人曾經說的一句話：『我不嫁入豪門，因為我本身就是豪門。』這樣經濟獨立自主的媽媽，早就已經是我們一般家庭媽媽望塵莫及的角色。

如何讓爸爸對媽媽產生信任感，很重要的基礎是媽媽們要將自己定位成家中的財務長，家中的財務規劃和管理就是必備的技能，媽媽所掌握家庭的所有收支流向，小到每天的柴米油鹽，大到家庭每位成員的人身保險規劃，都是要依每個家庭的經濟情況來規劃，當媽媽可以從善如流地跟自己老公分析家庭的財務規劃，在會計學上指的就是資產負債表和現金流量表，

加上，每幾個月與老公定期檢視家中財務狀況，隨時滾動修正，那麼，相信有智慧的老公，應該就會放心地把自己每月的收入交給老婆。

再回到全職媽媽零工經濟的這個主題，當全職媽媽可以利用空閒的時間創造零工經濟，不但可以幫助家庭收入，分擔家中開銷，媽媽自己可以大膽地購買自己想要的東西，不用經過任何人的同意，所謂『自己賺的錢，自己花』，這種自主的工作成就感是很珍貴的。

## 職場上的企業贊助密技

我是畢業於致理商專的五專生，畢業後能有幸可以回到母校任教，我常常有機會受邀回到母校分享個人工作經驗等相關議題的講座，每次回到致理科技大學分享有關企業贊助的工作經驗時，都可以感受到台下學弟妹們的引領期盼地瞭解到許多有關企業贊助的問題。

印象中最深刻的是，有一名國貿科系大二學生，走在校園看到企業贊助分享講座的簡報，就當場決定蹺課來聽我的演講，這讓我深受感動；之後，他主動與我聯繫，表示他是致理科大羽球社的成員，目前在羽球比賽表現上有一些成績，他也

想準備企劃書向企業簡報，希望可以找到資金贊助他訓練經費，因此，他想請教我該怎麼做，當時我給了他一些方向，提醒他在對企業提案的簡報中，應該站在企業的角度思考，贊助投資他會為企業帶來什麼實質的好處，他與企業雙方是否可以雙贏。後來，因緣際會下，我得知他和他的同學順利申請到教育部青年發展署106學年度大專院校學生國際體驗學習計劃，可以前往澳洲做健身房產業訪查，真的為他感到開心。

每年致理科技大學企業管理學系的重頭戲『廣告展』，也是學校訓練學生提早在校學習策展，並融合個案行銷策略與多方資源串接的一個學習試驗，其中如何跟鎖定個案中的相關企業尋求贊助資源，也是同學們最苦惱的一環，如何爭取到跟自己個案議題有極度相關的企業投入資源給學生，就是一個很大的學問，如何站在企業的角度思考，就是一門很值得探討的議題。

從學弟妹們的提問，可以瞭解到企業贊助這門職場技能入門顯學已逐漸得到重視，不管是在求學的過程中，甚至是到了職場要向客戶提案，運用的技巧都是回歸到『行銷自己』的原始點，如何說一個好故事，吸引願意投入資源的企業主或是師長評委們的目光與青睞，都是值得下一番功夫好好準備。

　　準備階段可以從二方部份來進行，第一部份是收集資料，第二部份是利用本身的人脈網絡接觸目標。

**收集資料：活動內容是什麼？設定的企業贊助哪些標的。**

　　以2010臺北國際花卉博會企業贊助標的『機票』為例：

　　有國外參展團體工作人員與國際花材需要空運來臺灣，就需要有航空公司的贊助。

　　當活動贊助標的出來後，首先要釐清需要哪些物資和服務，哪些是活動本身原有的預算經費就可以支應購買，哪些可以尋找企業贊助，接下來就是設定目前最有機會贊助的企業名單，經過網路資訊的收集和整理，就會很清楚要接觸的企業主有哪些?再依每個企業過去的新聞資料，可以瞭解到每個企業在乎的企業品牌策略的目標是什麼？

　　我們可以依這樣的需求，做出適當的行銷策略建議，根據接觸的目標企業，提出企業贊助提案企劃。行銷策略的擬定就是一門專業的領域，除了基本的學校相關教育外，更多是需要不同的實戰經驗的累積，所以，喜愛這個領域的朋友，不妨可以多去接觸這類的課程，從事相關行銷領域的工作。

## 利用本身的人脈網絡接觸目標

一開始，在企業贊助的敲門磚，我們也是有點摸不著頭緒，有點亂槍打鳥的方式，找尋可能會合作的企業當作鎖定企業贊助的目標，但是，當我們一通一通電話打過一輪，鎖定的大企業總機，分機轉了又轉，然後，對方請我們留下電話，或是請我們把提案簡報寄過去以後，就開始經過漫長的音訊全無的等待。

於是，我開始思考有什麼方式是比較快速的，是可以直接接觸到關鍵人物。

2010臺北國際花卉博覽會當時主辦單位是臺北市政府，我開始思考曾經有什麼企業贊助過臺北市政府，搜尋相關資料，將所有資料蒐集起來，花點時間去做蒐整和前期調查分析，就發現過去長榮航空曾經贊助臺北市政府團團圓圓熊貓來到臺北動物園。

開始有了第一個可以尋求贊助的企業名單，除了長榮航空之外，全臺灣另一個有機會贊助的航空公司就是中華航空，我們也發現中華航空當時也贊助過2009臺北聽障奧運。

可是，中華航空要怎麼聯繫，要找誰，要如何找到對的人，於是，那時候就透過臺北聽障奧運基金會的主要負責企業贊助的負責人，也是現在的美女氣質主播李文儀小姐，文儀小姐非常的親切，不但提供我們有關中華航空當時的主要聯繫窗口，同時，也跟我們分享她當時找企業贊助的經驗，我們找到中華航空公關處的處長，與他洽談贊助，但是，中華航空考量已經贊助過2009年臺北聽奧，對於2010年臺北花博的官方指定航空公司，他們決定先暫時不參與。

因此，我們把贊助企業目標轉向了長榮航空，臺北市政府中有哪個單位曾接觸過長榮航空呢?當時打探了許久，才發現長榮航空曾經在2008年贊助中國大陸一對國寶大熊貓團團圓圓，空運至臺北動物園，在當時，可是相當火紅的新聞議題，全臺灣都很關注團團圓圓這對熊貓的動態，後來，也造成動物園每週末都門庭若市的熱鬧景象。於是，透過臺北動物園當時時任的施姓組長轉介，我才得以可以直接聯絡上長榮航空當時最重要的一號人物-聶國維發言人。至今很感謝當時動物園的施組長，因為當時都沒有與他碰過面，只靠一通電話，卻得到他最有力的幫忙。

多年後的2012年，我在執行鴻海永齡基金會慈善基金會在臺北動物園舉行歲末慈善嘉年華尾牙園遊會的專案，當時我們

陪著郭台銘董事長的團隊去參訪動物園的時候,之前協助我的那位施組長已經變成臺北動物園的發言人了。雖然,當時已經是過了四年後才見到本人,我還是特地親自向他道謝,那時候就覺得施組長果然是個好人,短短四年,就高升到動物園發言人的重要職位,也讓我深信好的人才一定會有好出路,做人一定會有好心有好報的真理。

所謂『有關係就沒關係,沒關係就找關係。』

這句話本來的意思是—
要關係打得對、打得好,無論發生大小事,最後都會「沒關係」;如果關係不好,無論發生大小事,最後都會「大有關係」

但是,運用在企業贊助上,我倒認為有時候,有關係並不一定會有用,到頭來反而會是一開始沒有什麼關係的還來得有幫助,而一開始如果沒有關係,就想法找到關係,一定會有可以合作的切入點,讓自己有機會可以接觸到最關鍵的人物。

## 情話綿綿正式約會

正式提案,一定要精簡有亮點。

與我們會面的長官,每個人都日理萬機,時間有限,要在短短的會面時間內,用精心設計的簡報,說明活動本身的背景,以及希望企業可以為這個活動帶來什麼?也是同時為企業本身在意的品牌立場創造價值。

至於怎麼做好精心設計的簡報與溝通表達,坊間很多有開設這樣的簡報表達課程,相信這些課程都有可以學習的價值,這裡就不多加說明。

### 練習好好說話

我想分享的是,在正式提案前的那通約訪電話真的很重要,為什麼有些人每次講電話都可以很容易達到自己原本設定的目標,有些人就比較難達成?

電話中是看不到人的樣子,但是,講出來的話語、音調是會讓人想像電話另一頭的模樣,於是,練習好好說話就很重要,可能會有些人覺得納悶,為什麼說話還要練習?我以前都

沒有發現自己講話有什麼不對勁，直到自己有一天要做提案簡的練習，我用手機的錄音功能錄下自己簡報時的聲音，天啊！第一時間聽到的自己聲音的自己，都快笑出來，怎麼那麼假仙啊！覺得自己的語調很不自然，於是，隨著多次的練習，越說越自然，越來越有自己的風格，逐漸有自己的說話方式，以後信手拈來就可以說出一個好論述，說出一個好故事。

## 把對方當作自己人為彼此創造價值

正式提案會面的氛圍塑造也很重要，我有一個習慣就是每次我面對第一次會面的長官或貴賓時，我會潛意識把對方當作是認識很久的老朋友，用這個方式在一開始的時候，就會消除自己原本的緊張和不安，會比較從自己人的角度，站在對方的角度想事情，這樣容易做出正確的判斷。

所謂『買賣不成，情義在』，這一次的合作因故沒有辦法繼續下去，下一次在其它的合作案上，對方也一定會想到自己，這真的就發生在自己身上印證好多次。最多的印證就是我常常可以接到很多工作機會，接到這樣的工作邀請，就可以印證，我們以誠待人，對方就一定有感受到。

『把對方當作自己人，為彼此創造價值』，這件事情做起

來很容易也可以很不容易，不容易在於在這一次的合作中，我們可能會有眼前的損失，可能沒有立即的成效，可能無法面對長官給予自己的原本任務目標，這就是考驗人性的智慧和抉擇。

　　『把對方當作自己人，為彼此創造價值』，我後來發現這件事情的對象適用任何人，不管是在職場上、家庭上或是社交上，都是件創造彼此雙贏待人處事的最佳準則。

**精典專案案例**

　　在一打二的全職媽媽生活中，令我感到慶幸就是開始了所謂的『接案人生』，能夠有機會發揮過去工作經驗的技能，真的很感謝一路走來的很多貴人朋友們，接下來，就是在過去5年全職媽媽期間所接觸專案的經驗分享。

### 2010臺北國際花卉博覽會

　　2008年，當時的自己28歲，初生之犢不畏虎，當時沒有任何人脈資源，有的只是一股想證明自己可以的志氣，帶著團隊一家一家企業登門拜訪，我們團隊簽下當時臺北市政府第一個花博企業贊助案—長榮航空，成為2010臺北國際花卉博覽會唯

一指定官方航空公司，贊助總價值達$1.8億元。

我永遠都很感謝當時給我這個機會的長官，也就是2010臺北國際花卉博覽會營運總部的總製作人丁錫鏞，當時在臺北花博籌備團隊中，每天待辦事項如雪片般數不清，待簽辦的公文印章也彷彿永遠蓋不完，然而，丁總製作人卻願意給當時那麼年輕的我，為臺北花博對外開拓企業贊助的機會，這也開啟了我與企業贊助這技能旅程的美好開端。

當時臺北市政府是沒有任何法源依據能接受企業贊助，所以，當我們拜訪完長榮航空後，在內部流程上，花了很長的時間做溝通，找尋解套的方式，最後透過當時花博專案辦公室擔任法務專員陳衍庭與相關處室的長官協助下，我們創新打破固有模式，直接引用政府採購法的合約來完成所謂商業性的企業贊助，正式成為臺北市政府第一個使用政府採購法的贊助合約案。

使用這樣的方式，老實說是在當時不得已的方式，因為是要有意願的贊助企業親自到市政府簡報，經過評審委員們的審查和提問，才能同意企業進行對官方機關的贊助，如果在一般企業合作上來看，這樣的流程，是對贊助企業是相當不尊重的一個方式，就是企業要給出資源，我們還要擺架子，看看你有

沒有資格提供贊助，不過，這也是十多年的情況，隨後我們也有發展出較簡便合宜的贊助流程。所以，至今我都還是很感謝當時願意配合這採購程序的贊助企業，謝謝他們當時願意的力挺與配合。

我們團隊因為長榮航空成功的創新採購流程，贊助合約成功順利地簽署，也讓後續各家企業贊助有可依循模式，臺北花博的企業贊助開始也就氣勢如虹，我們團隊最後也為臺北花博創下總贊助價值5.97億元。

在此，我也要感謝當時一起加班奮鬥的姐妹們，吳思佳、楊姿嬋與陳姮宇等三位臺北花博企業贊助團隊的工作夥伴，現在回想起來，還是很佩服當時的我們啊！

## 2017臺北世界大學運動會

2016年10月，那一年的我36歲，是我個人第一次用專業接案的方式，開啟了人生以非正職員工，用彈性工時，擔任臺北世大運企業贊助團隊顧問的角色，開始參與人生第二個臺灣國際大型活動企業贊助的旅程。

就在專案開始進行的第三個月，我的第一個寶寶就來了，

所以，私下我就給大兒子小寶取了世大運寶寶的稱號，小寶從小就活潑好動又很會說話表達，我也在想是不是因為在懷孕期間，跟著媽媽到處穿梭各大企業提案的影響。

純粹創意整合行銷公司的孫裕利總經理，是第一個找我擔任企業贊助專案顧問的老闆，當時孫總經理和該公司的陳仕哲副總經理和戴志達總監，三個人很隆重地一起邀請我加入該公司所負責的『2017臺北世界大學運動會企業贊助專案』，現在還是很感謝他們對我的信任，願意放手讓我去發揮。

和純粹這家公司結緣，要回溯到2008年，當時我在2010臺北國際花卉博覽會專案辦公室服務，我們宣傳行銷中心很多活動宣傳案都是由純粹這家公司服務，多年和他們合作的經驗，真的都是賓主盡歡，媒體聲量和參與人數效果都是極好，所以，當他們邀請我合作的時候，真的也是二話不說馬上就答應了，都是基於多年合作對彼此信賴的結果。

從純粹的客戶，變成純粹的合作夥伴，這樣的緣份真的很奧妙也令人珍惜。

『2017臺北世界大學運動會企業贊助專案』我們一開始在提案企劃簡報時，就設定企業贊助總價值目標就是8億元，當

時我們的客戶是臺北市政府產業發展局，他們的承辦單位同仁
都不敢相信，也很擔心我們把這個餅畫太大了。

　　當時的自己會這麼有信心，主因是自己認為在2010臺北國
際花卉博覽會的企業贊助中，我與團隊贊助小組都有機會談到
企業贊助價值達5.97億元，2017臺北世界大學運動會企業贊
助總目標設定到8億元，應該是有很大的成功機率。

　　加上，當時臺北市政府世大運籌備小組，還邀請了二位重
量級的市政顧問-陳雨鑫市政顧問和吳旭慧市政顧問來協助我

【2017臺北世界大學運動會起跑記者會】謝謝大統營行銷經理
陳貝菁，也是我研究所的學姐到場相挺。

們企業贊助團隊，每二週定期開會指導企業贊助策略，不停地滾動修正彈性調整，這對我們贊助團隊來說，都是很大的幫助。果然不負眾望到最後，我們世大運企業贊助團隊一舉衝破原設定8億元目標，拿下了2017臺北世大運企業贊助總價值達15億6,700萬元的好成績。

我們這群企業贊助團隊，真的是把陸、海、空三大領域企業，通通都網羅成為世大運贊助企業，因此，我們還成立了『海軍陸戰隊』群組，之後還會不定期的聚會交流，每每聊到當時一起洽談企業贊助與開會的趣事，都會回味無窮，這真的是在我全職媽媽期間，能有機會可以跟業界的前輩們交流，是最棒喘息舒壓了。

### 大膽要求企業贊助加碼，造福國際盛會團隊形象

2016年11月，我和團隊就成功的簽下了第一個世大運企業贊助案，這間企業就是低調的臺灣紡織股王—儒鴻股份有限公司。

和儒鴻這家公司結緣，真的就要感謝當時我在國家地理雜誌的老同事Jeff，Jeff當時是國家地理雜誌的廣告業務，在國家地理雜誌服務期間，我所負責的整合行銷部門，在當時推展了

第一屆國家地理雜誌的海洋日路跑，所以，Jeff就是那個協助活動談定路跑T恤廣告贊助的主要窗口，而臺北世界大學運動會的全體2萬個工作人員服飾就是一個很好的贊助標的，透過他的引介，本來只是接觸到一家小型的紡織公司，但是，不曉得是不是自己在電話中表現得很有誠意，還是寄過去的提案簡報讓他們重視，因緣際會很幸運地讓這家小型紡織公司的窗口再次引介，讓我有機會去接觸到儒鴻股份有限公司董事長特助許特助，一聽到是特助，地方媽媽才真正開始上網查詢儒鴻股份有限公司這家公司的背景。

記得當時我下巴快掉下來，天啊！竟然是臺灣紡織股王啊！我真是井底之蛙，由於本身沒有投資股票，殊不知這家公司可是低調卻又是股價很高的臺灣之光啊！

記得第一次去儒鴻位於五股的總公司提案，就是我一個人帶著當時北市府世大運專案辦公室的承辦人一同前往，當時面對聽取我簡報的長官，就是儒鴻公司董事長洪鎮海，好加在是經驗老道，輕鬆過關，經過與洪董事長的互動才得知他本人很欣賞柯市長，當時柯團隊主打的白色力量的確在臺北引起很大的關注和支持，所以，很少對外贊助活動的儒鴻公司這次也很樂意贊助臺北世界大學運動會。

　　最有趣的是，當時原本儒鴻公司要贊助臺北世界大學運動會全體2萬名工作人員工作Polo衫，總贊助價高達新臺幣8,000萬元，我還記得第二次與洪董事長會面討論各項後續贊助事宜的會議上，當時，我也不知道哪裏來的勇氣，直接跟洪董事長說：『洪董事長，很感謝儒鴻公司對2017臺北世界大學運動會的支持，只是目前您們的贊助的標的只有工作人員的上衣，工作人員的下半身等於是開放給工作人員自行搭配，這對於臺北世大運這樣的國際盛會來說，有點不太合宜，要不要一次好人做到底，一起也贊助工作人員的褲子呢！』

　　沒想到，洪董事長也很阿莎力，馬上二話不說：『好吧！那就連工作人員的褲子也一起吧！』一說完話，就馬上交待身邊的許特助，事後我才知道，這樣具有規模的大型公司，公司的每項決策都要經過董事會，所以，這樣被我臨時一提，等於整個贊助案就要重新經過董事會核定，所有流程都要再來一次，對於這一點，我還真的對當時的主辦窗口許特助很不好意思，但是，這可是就讓此項企業贊助案總贊助價值從新臺幣8,000萬元一舉躍進了新臺幣1億2,000萬元，這樣的成果，真的是給我們整個企業贊助團隊一劑強心針，也是第一個成功簽約的企業贊助案，讓我們後續企業贊助的業務勢如破竹，一路過關斬將，最後創下全臺史上活動最高企業贊助紀錄的好成績。

## 二大航空公司共同為臺北世大運站台宣傳造勢

　　另一個經典案例，就是我們第一次讓全臺灣二大龍頭航空公司：中華航空與長榮航空同時贊助2017臺北世界大學運動會，總贊助金額高達3億元的經典合作。這個過程也是非常有趣的，因為以往這二家航空公司對於地方政府的活動贊助幾乎是王不見王的，有長榮就沒有華航，有華航就沒有長榮，能夠說服雙方同時贊助一個大型活動，真的是給臺北市政府很大的面子。

　　我們的企業贊助團隊也是功不可沒，三方的溝通過程十分複雜，要照顧好二大航空公司各自在意的訴求，還有符合臺北市政府客戶的合作流程，所以，當我們順利舉行完史上二大航空公司共同站臺的企業贊助記者會時，感動的眼淚都在眼眶打轉，因為這真的是件不容易的里程碑。

 **2018臺中世界花卉博覽會**

　　2018年1月，那一年的我38歲，很幸運地，繼2010臺北國際花卉博覽會與2017臺北世界大學運動會後，我還能參與全臺灣近年來的第三個國際大型活動，就是2018臺中世界花卉博覽會，這也是第一次跟外縣市政府合作的一個專案，更可以深刻

感受到臺北市政府與臺中市政府二個政府團隊的異同。

特別的是，沒想到在執行2018臺中世界花卉博覽會期間，我人生的第二個寶寶也來了，所以，可愛的小兒子Q寶就自然而然有了『臺中花博寶寶』的稱號，小兒子也是個能言善道機靈的孩子，真的是印證孩子在媽媽肚子裡面胎教的重要性，也慶幸在臺灣短期間已經沒有第四個國際盛會了，不然，我這個高齡產婦可沒有信心再拚第三胎啦！

很謝謝當時集思會展事業群葉泰民執行長的邀請，主要負責工作內容為與集思會展事業群團隊整合各個一起合力投標外埔園區樂農館策展與營運的各個團隊，也因此有幸結識了臺灣當代許多知名的策展設計團隊，共同追隨著總策展人龔書章老師的帶領，一起挖掘臺灣農業的各個樣貌。

2018臺中世界花卉博覽會，在這個專案執行過程中，幸運地可以將過往擅長洽談大型活動企業贊助的人際網絡結合，我們團隊就順勢地協助臺中市政府與統一集團會面，媒合有關統一集團中的統一企業、統一星巴克、7-11便利商店等一起參與2018臺中世界花卉博覽會，這次成功地讓統一贊助麵包給予全體工作人員的早餐、全省星巴克咖啡、7-11便利商店等宣傳資源等，總贊助價值達＄1仟萬元，這也是一件圓滿的美事。

花博公園Maji集食行樂─媒體宣傳

　　Maji集食行樂是全臺灣第一個位在市中心公園區內，靠近圓山捷運站，交通十分便利，運用貨櫃、原木穀倉，巧妙包覆住美食、原創商品、音樂、藝術等元素，打造出具有異國氛圍的生活市集空間，是臺北市的一座城市遊樂園。

　　花博公園集食行樂／神農市場負責人范姜明正（我都稱呼他范姜哥）是我人生中重要的貴人之一。和范姜哥結緣是在我於臺北市會展產業發展基金會任職期間，當時他們的團隊來參與2010臺北國際花卉博覽會結束後，位於圓山園區的美食區空間的商業營運委託案。

　　記得，當時我們團隊為了這個案子，事先也搜集了很多臺北各大美食街的營運案例，當時范姜哥的團隊來參加評選會提案時，我永遠記得所有的評委都眼睛為之驚艷，他們把當時流行在國外的異國風情的市集概念引入臺北，也就是現在我們所看到的『花博公園Maji集食行樂』。

　　至今，我個人還是很感謝他們的進駐，讓臺北花博公園變得真的更加多元，不再是商業氣息過重的美食街，而是帶出充滿人文、在地、藝術、異國的風味。

在我的全職媽媽期間，很感謝范姜哥邀請我去協助集食行樂相關媒體宣傳報導，那段期間，我記得最常做的事情就是邀請媒體朋友到集食行樂的異國美食餐廳用餐體驗並協助報導宣傳，同時，又可以帶著孩子在集食行樂的場域玩耍，這對於媽媽和孩子來說，真的是件很幸福的事情。

因為集食行樂就是主打親子族群的最佳場域，現在看到集食行樂／神農市集的發展越來越好，神農市場這個品牌也在臺北市精華地段的商業百貨發展到第二代的精典升級版，甚至進軍日本市場，集食行樂受到很多國外觀光客和年輕群族的青睞，個人真心的覺得能有機會為這個場域參與宣傳，真的是與有榮焉。

## 電幻 1 號所營運推廣

電幻 1 號所是臺灣電力公司全臺第一個再生能源教育館，位於新北市新板特區，靠近板橋火車站，五鐵共構的交通熱點，這是個用能源健身房的概念打造一個讓所有人都可以輕鬆開心的藉由健身互動裝置來體驗，並可同時獲得有關水力、風力、太陽能、海洋能與地熱能五大發電的知識。

為什麼會接到這個專案？想起來還真是覺得老天爺默

默的幫忙，記得那天
是一個悶熱的星期天
午后，我已被二個電
力無窮的小傢伙搞得
很疲憊，突然又想一
個人外出好好跑步的
心情就油然而生，於
是，就把二個寶貝蛋
交給他們的老爸。

電幻1號所的城市光井公共藝術
令人眼睛為之一亮（照片來源：電幻1號所）

　　記得在河場的外環道路上，我一直跑一直跑，原本悶熱的
天氣和情緒，隨著河堤邊迎面而來的微風，逐漸平靜，那時
候，內心又跑出不想繼續當全職媽媽一打二在家的想法，就
在這個時候，老天爺好像聽到我的求救一樣，我接到了一通
貴人打來的電話，就是之前2018臺中世界花卉博覽會邀請我
參與的集思會展事業群的葉泰民執行長，電話那頭，他先問
我，什麼時候要復出江湖啦？接著就幫我引介卡爾吉特劉永
明負責人，至今，我還是很感謝那通電話，讓我開始與台電
公司團隊有著美好的緣份。

　　本來這個專案原來談定只有合作二個月的想法，因為，在
過去三年，我從來沒有接一個要像上班族朝九晚五的工作，

但是，電幻1號所的團隊與執行業務的挑戰發展實在太吸引我，所以，這個合作專案就一路從準備投標、順利得標到執行營運推廣，就一路合作快11個月。

令我感到最驚訝的是，以往的工作經驗和許多地方政府的公務人員打過無數個交道，所以，一開始心裡難免會擔心台電是個傳統的國營事業，裡面的長官和同仁會不會也是沒有彈性的公務員呢！？結果，為什麼會讓我一直想開心合作的主因登場，就是台電團隊的思維和處事方式是那麼與時俱進，能接受新潮創新的大膽嘗試，我們一起打下許多美好的戰績，從電幻1號所的得獎無數，足以證明我們真的一起把這個新穎的再生能源館品牌操作得履戰履勝。

在電幻1號所中，我負責的工作內容是重要關係人推廣和社群行銷，在重要關係人推廣中，真的是發揮自己愛交朋友的個性，把很多過去的老朋友和新朋友串連在一起，這個過程也讓自己如魚得水，認識了各領域的臺灣優秀的人才，一起激盪了無數個精采合作火花，很幸運提早達成原本客戶設定推廣的目標。

在社群行銷中，我們團隊也為電幻1號所塑造成一個年輕、充滿智慧且綠能的品牌，透過年輕的社群小編和行銷團隊的巧

思，讓電幻1號所的官方臉書和IG也培養出一群忠實的粉絲，在每篇貼文的互動率與觸及率都有不錯的數據成績。

在電幻1號所的系列活動中，一定要提到2020年12月18日歲末年度活動『Renew the future永續時尚之夜』，這個活動是耶誕節的節慶活動，因為電幻1號所位於新北市每年大型耶誕城的活動熱區內，同時，2020年也是電幻1號所正式對外營過的一週年，我們團隊特別看重這個活動，也代表這一年營運的成績單。

記得這件事情的緣份起源，也經過2020年過去一整年的重要關係人推廣所累積的合作能量，最早是由是此次活動策展人David Lo帶著臺灣服裝設計師汪俐伶來訪電幻1號所。當時負責接待汪設計師的我，就覺得眼前這位一講起風力發電與服裝設計，眼神充滿了光，就深深喜歡這個自然又親和力十足的汪設計師。

後來，與台電團隊一同前往汪設計師位於晶華酒店的旗艦店交流，簡直就一拍即合，我們和汪設計師開啟了合作的緣份，從2020年9月份Powerlab的「小小服裝設計營」活動到2020年12月18日「Renew the future永續時尚之夜」，每一場活動都具吸睛亮點，場場爆滿精彩外，我們也打破2020年全臺防疫一

最主要感謝的，是一路走來願意尊重專業並且給予充份發揮空間的台電長官，才能創下這亮眼璀璨的活動紀錄。( 照片來源：電幻1號所 )

整年在室內舉行服裝秀紀錄，也因為汪設計師這次活動運用台電退疫材料做為服裝創作的元素，同時帶出風力、水力、地熱能等多元創新的服裝設計，搭配全臺最專業伊林模特兒團隊，把這場活動推向高潮，事後也登上新加坡媒體與國際路透社的報導，這對我們團隊來說，都是最正面的肯定。

除了上述幾個精典的專案外，在全職媽媽期間，真的還要感謝很多過去合作的長官和朋友私下發案給我，像是很照顧我的前臺北市副市長邱文祥、國家地理雜誌前營運長林純如與黛安芬時期的好同事Rosa，讓我有機會可以替企業新產品規劃上

市行銷計劃到協助候選人競選宣傳等系列活動，細數這些過往的每一個專案，都是多元且特別的零工經驗，所得到收入金額高低反而不是最重要的，而是能讓全職媽媽能有機會發揮個人技能，創造價值，廣結各界善緣，是最難得的收穫。

　　透過一次又一次的專案合作，我也從全職媽媽把屎把尿的女傭境界，讓自己重生，也開創了自己職涯另一個新局面。

【扶輪社演講分享】謝謝陽網扶輪社趙釧玲總監的邀請，當時的自己才產後二個月，就有機會外出呼吸交朋友。

【邱文祥董事長新書發表會—我所求的是奉獻】很榮幸能協助我的職場老闆貴人邱文祥董事長新書發表會，過程中也打開了眼界，學習到很多寶貴的經驗。

【致理科技大學微型創業實務成果長擔任評審】非常感謝倪達仁老師的邀請，讓全職媽媽很多回饋母校學弟妹的機會。

# 後記

# 後記

## 疫情下的書寫

完成這本書的最後時期，剛好適逢2021年5月中臺灣爆發Covid-19疫情時期，臺灣的所有對外活動一切彷彿停止，尤其大臺北的熱門景點簡直可以用空城來形容，雖然早已經在國際新聞上看到很多國家早就是這樣的情形，但是，真實的發生在自己的生活圈周遭，還真的是令人難受，加上臺灣的這次疫情真的來的又急又快，從一開始恐慌，到逐漸讓自己的心情平靜下來，陪伴著孩子們每天的成長。

每天一早睜開眼睛，從跟孩子們擁抱說早安開始，做早餐，開始帶著孩子們玩遊戲、玩手作、講故事，接著吃完午餐，哄他們午睡後，才有2-3小時的時間可以獨自書寫和自我對話。

午睡後是孩子們的運動時間，接著幫孩子們洗澡、張羅晚餐，然後一家四口聊天一起看電視，星夜呢喃互道晚安。

每天重覆看似單調平凡卻又特別珍惜這難得看似與世無爭的日子。

有時候，也會開始自省過去在沒有疫情發生時，每天都把自己的行程排得滿滿的，這樣快速沒有喘息的都市生活，真的是適合自己嗎？

當我們工作可以居家完成，完全不需要每天換衣化妝，完全不需要花上1-2小時的交通來回的成本，工作完成的效率反而比過去在辦公室還來得有效率的時候，這段時間，我們同時為自己的生活找到更好的平衡，也為地球減少了很多交通上所產生的空氣污染，少的是過去的人際間往來互動，多的是和家人相處的時光。

我相信這段期間應該都帶給全人類很多警惕，然後，我們真的有得到教訓了嗎？

還依稀記得，曾經有那一刻，對於現代化城市帶來環境破壞是極度厭惡的，尤其是當自己又有了下一代，開始會問自

己，到底創造了什麼世界給孩子，空氣還是清新的嗎？喝的水還是純淨的嗎？相信答案都是我們不敢去面對的。

當時還內心天馬行空，有沒有可能全世界的各國元首都約定好，全世界的人們停止活動個幾天，人類回歸原始，不使用交通工具，不使用任何會破壞這個世界任何有形的機具或器材。

沒想到，竟在自己的有生之年，看到全球現在Covid-19疫情肆虐的景像。

記得年輕的時候，常常會有種覺得為什麼要生小孩讓他們來世間受苦呢？畢竟人生真的不是條容易的道路，尤其是我們現在生處在資訊發達又是充滿競爭的世代，小時候那種眷村濃厚情感的人情味，好像只有在連續劇才能回味了。

直到自己也走上了有小孩的這條路，才更有所感觸與體悟，就是因為了解到這個世界不完美，所以，才會想要在一開始就當上全職媽媽，讓孩子們能擁有幸福又堅實的堡壘，因為我們就是他們的全部了，我們的所有行為和思想，都將深深地影響一個全新的生命，也許也會影響世界未來發展的某一個重要時刻，我也很開心能在自己全職媽媽期間，透過零工經濟的

專業接案，找回自己的價值。

對孩子來說，他們一定也有所收穫，就像小的時候，我看著自己的媽媽辛苦為客人在服務的時候，那種世代相傳的影響，就是在這樣日復一日呼吸之間慢慢形塑 。

這次的疫情居家防疫生活截至目前（2021年7月30日）為止，已經正式邁入第二個月，我們全家似乎越來越習慣這樣的日子，歲月靜好的日常，看著國外的確診案例和發展趨勢，可以預想的是，這樣的新型態生活應該還要持續個1-2年。

這段期間仍感謝很多老闆貴人們給予自己一些專案打工的機會，但是，這樣的時空背景下，讓自己更珍惜和家人一起相處的單純悠閒時光，我也很意外自己會開始婉拒了幾個很好的專案機會。

甚至，會開始跟孩子們聊聊有關人生中生死的問題，在一次與大兒子的難得午後戶外散步中，我第一次跟孩子勇敢地開口：『小寶，媽媽很開心這輩子有你來當媽媽的寶貝，媽媽覺得好幸福。有一天，媽媽可能會去當天使，但是，你要知道我會一直陪著你喔！也會一直在你身邊保護你喔！你想念媽媽的時候，你就抬頭看看天空，感受滿滿的陽光和微風，就代表

我在你身邊喔！因為媽媽是Sunny，媽媽會給你溫暖，幫你加油，你就會有滿滿的力量繼續往前走。然後，你要好好陪著爸爸和弟弟，也要給他們好多好多愛和鼓勵，像媽媽一直給你的愛一樣，好嗎？』

　　小寶抱著我說：『媽媽，如果你去當天使了，我還是會好愛好愛好愛你的。我會好想好想你的　。』還沒有等他把話講話，媽媽我就已經一把眼淚一把鼻涕地緊緊地把這孩子抱在懷裡，母子倆很戲劇性地相擁大哭互相道愛，另外一邊的爸爸牽著小兒子則是一臉疑惑的眼神望著我們。

　　經過那一次和兒子的告白，反而，讓我更珍惜和他們相處的每一分秒，每天一有機會就和他們告白『我愛你』，一有什麼不對，馬上和他們說『對不起』，請他們幫忙，訓練他們一起分擔家事時，會加一句『請幫忙』，漸漸地，二個孩子也開始習慣這樣的日常對話，建立這樣的對話儀式感，是我想給孩子們的禮物，學會表達自己的情緒與感受，不留任何的遺憾。

　　以前的家庭教育真的太少說愛了，不但是自己很少主動會向自己的母親說愛，更不用奢求媽媽跟我們孩子們說愛，上一代的父母們，可能覺得給我們三餐溫飽，這樣就是愛了。

　　記憶中很少有機會跟自己的媽媽好好說愛，今年的自己也開始主動向自己的媽媽說愛，一開始還真的會很不習慣，覺得很扭捏，講久了反而習慣了，有一次，在和媽媽的日常互相關心慰問的電話中，媽媽也突然地回我一句『好啦！愛你啦！』這樣的幸福感很無價，也很珍惜。

## 母子的星夜呢喃

### 和5歲大兒子小寶的對話

　　　媽媽：小寶，你喜歡媽媽上班嗎？

　　　小寶：喜歡，因為有時候可以陪媽媽去上班，電幻1號所很好玩。

　　　媽媽：哈哈，那是有辦活動的時候才能去玩。

　　　媽媽：你覺得媽媽上班的時候會變成怎麼呢？

　　　小寶：媽媽變得很勇敢。

　　　媽媽：怎麼說變勇敢呢？

　　　小寶：就是當主持人的時候，很會說話啊！大家都笑呵呵。

## 和2歲小兒子Q寶的對話

> 媽媽：Q寶，你喜歡媽媽上班嗎？
>
> Q寶：喜歡啊！
>
> 媽媽：爲什麼呢？
>
> Q寶：因爲媽媽上班會變漂亮，穿裙子變得好漂亮。
>
> 　　　但是，媽媽，有的時候，不想要你去上班，因爲我會
>
> 　　　想妳啊！
>
> Q寶：媽媽，帥哥都要保護女生嗎？
>
> 媽媽：那你是帥哥嗎？
>
> Q寶：是啊！我是帥哥，媽媽，我會保護你。
>
> 媽媽：好喔！謝謝我的小帥哥，謝謝你要保護我喔！

　　這個是和二個寶貝兒子每天在睡前的其中一段互動對話，大兒子小寶是在我還滿滿母愛的時候，在家一路陪著他到4歲，才讓他去上幼稚園，基本上，他已經有滿滿的安全感，他知道不管發生什麼事情，媽媽都會好愛他陪著他。

　　而小兒子就不一樣了，我在他1歲8個月的時候，就開始了電幻1號所的工作，所以，他對我還會有滿滿的依賴，記得，很多天早上都是在他大聲叫著：『媽媽，不要走！』的哭聲中離開，前往去上班的路上，所以，他特別會跟媽媽撒嬌，特別

會注意媽媽的心情，適時地表現他厲害的地方展現給媽媽看，孩子們給媽媽的愛，就是這麼單純且直接，因為我們就是他們的全部。

有的時候，我也會對小兒子特別感到愧疚，因為我沒有好好陪伴他到上幼稚園的年紀就去工作了，也對他特別沒有耐心，但是，我知道自己已經到了媽媽育兒的極限了，所以，我選擇先好好愛自己，我相信，對小兒子而言，也許一開始會很難受，會比較沒有安全感，但是，我想起電影「侏儸紀公園」（Jurassic Park）裡的一句名言：『生命會找到自己的出路（Life will find its way out.』，我相信我的兒子也會找到適合自己對媽媽愛的方式，找到小小自己獨立的勇氣。

## 人生最佳夥伴

我：老公，你支持我出去工作嗎？

老公：不太支持，因為你出去上班，每天要面對很多有的沒的事情，會產生很多心理情緒，回家可能會影響家庭。

（我內心OS應該是老公擔心到時候遭殃的會是他，噗！）

我：可是，我覺得我出去工作，可以發揮所長，心情會變很好啊！

老公：可以啊！那你就偶而接接案，做你喜歡的專案就好，不要做朝九晚五的工作啊！

我：可是為什麼你就可以出去工作？我也想發揮一起分擔家的經濟啊！又可以實現自我的價值。

老公：我是男人啊！這就沒有什麼好討論的，這不就是一個男人要照顧家庭最基本的嗎？

從上述對話，你們就會知道我的老公是怎麼樣的人，他的確是個認真又負責的好男人，所以，他會覺得一個家庭的經濟就由他一個男人來扛就好，我們做老婆的，就好好把家庭和小孩照顧好就好。不得不說，因為自己的原生家庭中，父親這個角色是很不真實的存在，所以，我真的很感謝這輩子他可以成為我的人生最佳夥伴，我的老公真的很疼愛我和孩子們，只要是我們想要的東西，他都會使命必達，不折不扣是我們的許願達成王。

但是，身為一個很喜歡交朋友，又非常喜愛行銷活動領域

的我，怎麼會甘心一直待在家裡只做一個賢妻良母呢！

所以，我想，還是會在未來的日子中，我應該還是不斷地跟他拔河，夫妻之間才是那對相愛相殺的最佳拍檔啊！有的時候，我們會是彼此最好的人生夥伴，我們是最佳的團隊，有的時候，我們卻又是那個最瞭解彼此卻最會互相吐嘈的最佳損

神隊友熬夜幫兒子做的美國隊長盾牌，可愛的兒子外出騎車、吃飯、洗澡和睡覺都不願意拿下來，這是只有父與子才能懂得英雄間的對話和情感。

友，這些相處之道，都是日積月累經過無數的磨合而來，我很幸運且幸福，有這麼一個人生最佳夥伴。

謝謝你，我的老公，Kevin。

# 附錄

本書公益募集贊助感謝名單

# 附錄

　　《全職媽媽的零工經濟》在Flying V募資平臺從2021年05月07日-2021年07月6日止），正式募資成功了！

**第一階段公益募集感謝團隊名單**

FlyingV募資企劃編輯：邱子瑜

**籌備企劃：**
致理科技大學 行銷與流通管理系　程柔安 李宜庭
致理科技大學 企業管理學系 黃冠霖 吳慧欣
**封面攝影：**
林 衍億
衍藝攝影　Yenyi Photo CO.,Ltd.
www.yenyilin.com
**封面字體：**
致理科技大學企業管理學系 游翔政

　　感謝54位的贊助支持者，因為您們的支持鼓勵，讓憶萍想做公益與實際零工經濟經驗得以分享需要的人。也替「等家寶寶社會福利協會的寶貝們」謝謝您們的愛心！

邱文祥（前臺北市副市長）

　　謝謝人生中最相挺的長官，馬上就一口氣支持了100本。一得知消息，感動眼淚停不了，這一路走來，所有的恩惠，憶萍真的點滴在心頭。

贊助方案（一）$12,000，

20本書與贊助3箱水果（$599／箱）給予等家寶寶協會。

贊助人：

1. 孫裕利　純粹創意整合行銷有限公司總經理
2. 朱建基　臺北迪化街泉通行負責人

贊助方案（二）$6,000，

10本書與贊助2箱水果（$599／箱）給予等家寶寶協會。

贊助人：

1. 劉永明　卡爾吉特國際股份有限公司負責人
2. 黃彩媛　最愛的婆婆
3. 林雅茵　見臻科技董事長，情同家人的好姐妹

4. 林姮均 全臺知名專業主持人

贊助方案（三）$1,099，

1本書與贊助1箱水果（$599／箱）給予等家寶寶協會。

贊助人：

1. 劉麗足 集食行樂總監
2. 游郁瑩 藝起親子Spa館負責人
3. 徐堉瀅 最美麗的空姐媽媽
4. 劉欣怡 最有智慧的喵喵DJ媽咪
5. 俞翊婕 致理科技大學最認真的學生
6. 李郁凡 臺北花博給我最多鼓勵與建言的姐姐
7. 張舜傑 陽網扶輪社前社長，地表最強三寶爸爸
8. 蔡小兔 嘉大研究所最有智慧的姐妹淘
9. 陳雅君 聯廣時期給予我最多支持的雅君姐姐
10. 張文怡 Taka團好夥伴，富邦建設協理
11. 宋楚雲 小羊妹妹最美歌聲主唱，也是最強二寶媽咪
12. 岳雅貞 3M公司情同家人的好姐妹
13. 劉潤成 臺北花博最厲害的導演
14. 王鐥捷 致理商專吃吃喝喝好姐妹團
15. 蕭行志 輔仁大學機車幫好朋友
16. 戴志達 臺北花博與臺北世大運好夥伴
17. 許紜祐 致理慈暉社好學妹，也是最棒雙寶媽

18. 楊姿嬋 臺北花博企業贊助團隊，協潤國際開發有限公司
19. 林建志 聯廣時期的好長官
20. 黃惟伶 臺灣電力公司電幻1號所副館長
21. 陳姿穎 臺北世大運贊助團隊好夥伴
22. 張琍嫬 嘉大研究所好姐妹，也是厲害雙寶媽咪

贊助方案（四）$500，贊助1本書。

贊助人：

1. 李玉鳳 龍鳳軒負責人，最棒的月嫂
2. 劉世怡 媽媽社團好姐妹
3. 黃啟瑞 臺北市產業發展局前局長，貴人老闆
4. 林則瑞 巨蛋股份有限公司第一把交椅
5. 陳慧青 黛安芬時期的好姐妹
6. 洪仲儀 臺灣機器人手臂達人
7. 姚又仁 臺北花博好夥伴
8. 張維柔 臺北花博好姐妹
9. 游依霖 致理商專好同學
10. 林芷妍 臺北世大運企業贊助團隊好夥伴
11. 朱彥綺 致理科大最愛的學生
12. 蔡佳霖 我不認識你，但是很謝謝您的支持
13. 王麗立 超過30年好交情的國中好同學
14. 卓子涵 致理科大最自信可愛的學生

15. 蔡英聖 臺灣電力公司再生能源處處長

16. 高淑惠 臺北花博好同事

17. 吳秋蘭 臺北花博好夥伴

18. 曾佑暉 臺灣企業永續學院TACS經理

19. 洪惠琳 致理商專好姐妹

贊助方案（五），單純贊助，不需回饋。

贊助人：

1. 許家煒 國中好同學

2. 張嘉琦 我不認識你，但是很謝謝您的支持

3. 林思盈 最親愛的二姐

4. 邱珍瑤 臺北花博好夥伴

5. 魏妍謹 臺北花博好同事

（感謝名單順序依各方案贊助時程編排）

全職媽媽的零工經濟：平衡夢想與母職的斜槓生
活學 / 宋憶萍著. -- 初版. -- 臺北市：
華品文創, 2021.10　　面；公分
　　ISBN 978-986-5571-51-1 (平裝)

　1.職場成功法　2.行銷管理就業　3.生涯規劃
　4.女性
494.35　　　　　　　　　　　　110015528

華品文創出版股份有限公司
Chinese Creation Publishing Co.,Ltd.

# 全職媽媽的零工經濟
## 平衡夢想與母職的斜槓生活學

作　　者：宋憶萍

總 經 理：王承惠

財 務 長：江美慧

印務統籌：張傳財

美術設計：vision 視覺藝術工作室

出 版 者：華品文創出版股份有限公司

　　　　　地址：100台北市中正區重慶南路一段57號13樓之1

　　　　　讀者服務專線：(02)2331-7103

　　　　　讀者服務傳真：(02)2331-6735

　　　　　E-mail：service.ccpc@msa.hinet.net

總 經 銷：大和書報圖書股份有限公司

　　　　　地址：242新北市新莊區五工五路2號

　　　　　電話：(02)8990-2588

　　　　　傳真：(02)2299-7900

印　　刷：卡樂彩色製版印刷有限公司

初版一刷：2021年10月

定價：平裝新台幣350元

ISBN：978-986-5571-51-1